Bibliografische Information der Deutschen Nationalbibliothek:

Die Deutsche Bibliothek verzeichnet diese Publikation in der Deutschen Nationalbibliografie; detaillierte bibliografische Daten sind im Internet über http://dnb.d-nb.de/ abrufbar.

Impressum:

Druck und Bindung: Books on Demand GmbH, Norderstedt Germany
ISBN: 9783640686926

Dieses Buch bei GRIN:

http://www.grin.com/de/e-book/155222/leistungsarme-elektrisch-fluidische-wandler

Matthias Krüger

Leistungsarme elektrisch-fluidische Wandler

GRIN Verlag

Leistungsarme elektrisch-fluidische Wandler

Diplomarbeit

eingereicht am Fachbereich

ELEKTROTECHNIK

der Hochschule für Technik und Wirtschaft Dresden (FH)

zur Erlangung des ersten akademischen Grades

DIPLOMINGENIEUR (FH)

vorgelegt am 06. Februar 1995

von

Matthias Krüger

Inhaltsverzeichnis

1 Einleitung

Elektrisch-fluidische Wandler formen elektrische Signale (Spannung, Strom) in hydraulische oder pneumatische Signale (Druck, Volumenstrom) um. Sie sind das Bindeglied zwischen elektrischer Signalverarbeitung und fluidischer Signalnutzung.

Die leistungsarmen elektrisch-fluidischen Wandler sind vorgesehen für den Einsatz in Stellungsreglern. Dabei wird der Sollwert des Hubes s_{soll} einer Kolbenstange elektrisch vorgegeben durch das Einheitssignal 4-20 mA. Der Stellungsregler positioniert die Kolbenstange z.B. mit pneumatischer Hilfsenergie, indem der Druck auf den Kolben eines Stellantriebes solange verändert wird, bis der Sollwert des Hubes erreicht ist (Bild 1.1).

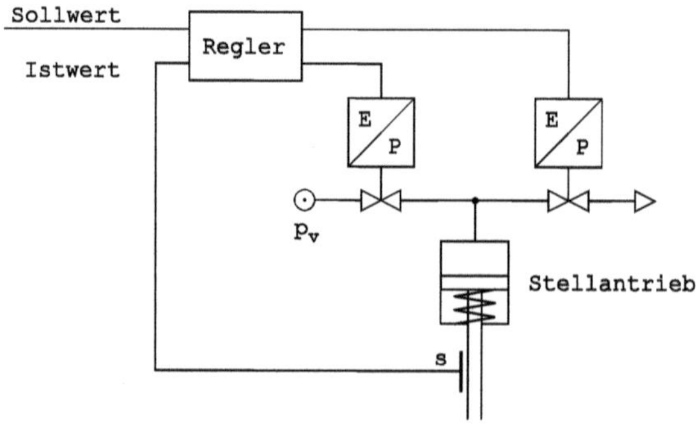

Bild 1.1 Prinzipschaltbild der Stellungsregelung

Dem Stellungsregler soll keine zusätzliche elektrische Hilfsenergie zugeführt werden. Die Energie für den Regler und die beiden Wandler wird aus dem Einheitssignal des Sollwertes entnommen (Zweileiteranschluß).

Das Speisegerät für das Einheitssignal liefert mindestens eine Spannung von 12 V. Damit steht bei 4 mA eine minimale Leistung von 48 mW zur Verfügung, die für den Regler und die Wandler ausreichen muß. Deshalb sind neben leistungsarmer Elektronik für die Regelung auch leistungsarme elektrisch-fluidische Wandler nötig.

2 Grundbegriffe des Explosionsschutzes

Bei der Herstellung, Verarbeitung, Förderung und Lagerung von Produkten der chemischen Industrie kann es zu ungewolltem Materialverlust kommen. Handelt es sich hierbei um brennbare Stoffe, so kann in Verbindung mit dem Luftsauerstoff ein explosionsfähiges Gemisch entstehen. Auch im Bergbau können brennbare Gase auftreten und ein explosionsfähiges Gemisch bilden. Eine ungewollte Entzündung dieser Gemische durch Funken oder heiße Oberflächen kann zu einer Explosion und damit zu großem Personen- und Sachschaden führen. Um dies zu verhindern sind besondere Maßnahmen zum Explosionsschutz festgelegt.

2.1 Zündschutzarten

Durch die nachstehend genannten Zündschutzarten wird verhindert, daß eine Zündquelle und eine gefahrdrohende Menge explosionsfähigen Gemisches zu gleicher Zeit und an gleichem Ort auftreten können. (Tabelle 2.1 S.6). Die Zündschutzarten und die Errichtungsvorschriften sind in den Europanormen DIN/EN 50014 bis DIN/EN 50020 und DIN/EN 50028 definiert.

2.2 Explosionsgruppen

Brennbare Gase mit ähnlicher Zündfähigkeit sind in Explosionsgruppen zusammengefaßt. Elektrische Betriebsmittel für die Verwendung in explosionsgefährdeten Räumen werden für die Verwendung in einer Explosionsgruppe ausgelegt und geprüft.

Zur Gruppe I gehören Betriebsmittel für schlagwettergefährdete Grubenbauten.

Zur Gruppe II gehören Betriebsmittel, die in allen anderen explosionsgefährdeten Bereichen eingesetzt werden dürfen. Je nach Größe der erforderlichen Zündenergie der auftretenden Gase wird die Gruppe II in drei Bereiche eingeteilt:

II A Gase in dieser Gruppe benötigen eine hohe Energie zum Zünden
II B Gase in dieser Gruppe benötigen eine mittlere Energie zum Zünden
II C Gase in dieser Gruppe benötigen eine niedrige Energie zum Zünden

Jedem Gas ist in der DIN/EN 50014 eine Explosionsgruppe zugeordnet.

Tabelle 2.1 Zündschutzarten

Zündschutzart / Kennzeichen	Prinzip	Anwendungsbeispiele
Ölkapselung "o"	Die Zündquelle ist in Öl eingeschlossen.	Schaltgeräte, Transformatoren
Überdruckkapselung "p"	Die Zündquelle befindet sich in einem Schutzgas, das unter Überdruck steht.	Motoren
Sandkapselung "q"	Die Zündquelle ist von feinkörnigem Sand umgeben.	Kondensatoren
Druckfeste Kapselung "d"	Im Fall einer Zündung innerhalb des Gehäuses muß das Gehäuse den entstehenden Druck aushalten und eine Übertragung der Explosion nach außen verhindern.	Alarmglocken, Ventile
Erhöhte Sicherheit "e"	Maßnahmen zur Verhinderung von Funkenbildung und erhöhter Temperatur	Anschlußtechnik
Eigensicherheit "ia", "ib"	Die Energie im Stromkreis wird auf Werte begrenzt, bei denen keine Zündung oder erhöhte Temperatur möglich ist.	MSR-Geräte
Vergußkapselung "m"	Gefährliche elektrische Teile sind in einer Vergußmasse eingeschlossen.	Sonderanwendungen

2.3 Temperaturklassen

Die Temperaturklasse legt die maximal zulässige Oberflächentemperatur des Betriebsmittels fest. Sie beträgt bei der Temperaturklasse T1 450 °C und bei der niedrigsten Stufe T6 85 °C. Die Zündtemperatur der auftretenden Gase muß immer größer sein als die maximal zulässige Oberflächentemperatur des Betriebsmittels.
Für die wichtigsten Stoffe sind in der VDE 0165, Seite 14 die jeweiligen Zündtemperaturen angegeben.

2.4 Kennzeichnung von explosionsgeschützten Betriebsmitteln

In der DIN/EN 50014 ist der Code für die einheitliche Kennzeichnung von explosionsgeschützten elektrischen Betriebsmitteln festgelegt. An folgendem Beispiel wird der Code erläutert:

EEx ed IIC T5

Dabei bedeuten:
EEx - Betriebsmittel entspricht der Europanorm
ed - Zündschutzarten erhöhte Sicherheit und druckfeste Kapselung
IIC - einsetzbar bei Gasen der Explosionsgruppe IIC
T5 - Temperaturklasse T5 (max. Oberflächentemperatur 100 °C)

2.5 Zündschutzart "Eigensicherheit"

Die Zündschutzart "Eigensicherheit" bezieht sich auf den gesamten Stromkreis. Ein eigensicherer Stromkreis darf weder im Normalbetrieb noch bei Auftreten eines Fehlers (ib) oder zweier Fehler (ia) in der Lage sein, die nötige Zündenergie zu liefern. Um diese Anforderungen zu erfüllen, müssen folgende Werte begrenzt werden:

- die Leerlaufspannung
- der Kurzschlußstrom
- die gespeicherte elektrische Energie
- der Einfluß elektromagnetischer Felder

Die beiden ersten Werte werden durch Sicherheitsbarrieren begrenzt.
Die gespeicherte elektrische Energie für induktive und kapazitive Stromkreise wird durch die Einhaltung der jeweiligen Zündgrenzkurven begrenzt. Sie sind im Anhang A der DIN/EN 50020 enthalten. In Abhängigkeit der Kapazität C bzw. der Induktivität L ist der minimale Strom angegeben, bei der ein Gasgemisch zünden kann.
Der Schutz vor elektromagnetischen Feldern ist je nach Einsatzort durch Abschirmung oder ausreichenden Abstand zu erreichen.

3 Funktionsprinzipien elektrisch-fluidischer Wandler

Elektrisch-fluidische Wandler sind Funktionseinheiten zur Umformung elektrischer Energie in pneumatische oder hydraulische Energie. Sie haben je nach genutztem physikalischen Effekt unterschiedliche Funktionsprinzipien, die die Basis für die nachfolgende Einteilung sind.
Die folgenden Bilder zeigen den prinzipiellen Aufbau der Wandler.

3.1 Elektromagnetische Wandler

3.1.1 Klappankerprinzip [1],[2]

Eine stromdurchflossene Spule baut ein Magnetfeld auf, das einen magnetischen Fluß antreibt, der überwiegend im Eisenkreis fließt. In einem Luftspalt wird bei Vernachlässigung von Streufeld- und Eisenkreisverlusten eine Kraft F erzeugt, die den Klappanker anzieht.

$$F = \frac{\mu_o \cdot A_{Fe} \cdot I^2 \cdot N^2}{2 \cdot l_{Lu}^2} \qquad (3.1)$$

F Kraft im Luftspalt
A_{Fe} Querschnittsfläche des Eisenkreises
I Strom
N Windungszahl
l_{Lu} Luftspaltlänge

Aus der Gleichung 3.1 geht hervor, daß $F \sim I^2$ und deshalb die Wandlung nichtlinear ist.
Beim Klappankerprinzip erzeugt die Kraft F ein Drehmoment M_1, das dem Drehmoment M_2 der Rückstellfeder entgegenwirkt und ein Ventil oder Düse-Prallplatte-System öffnet (Bild 3.1).

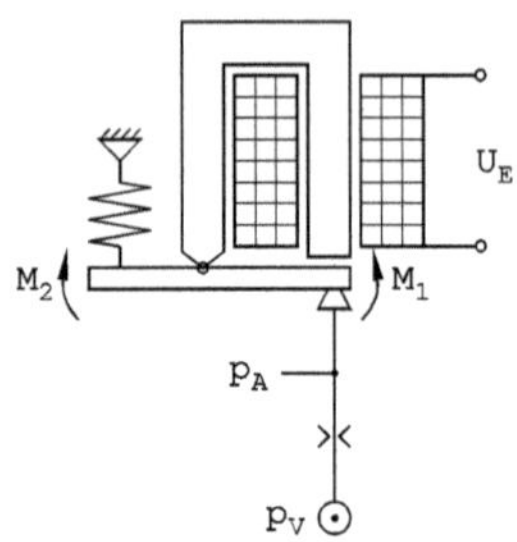

Bild 3.1 Klappankerprinzip mit Düse-Prallplatte-System

Wechselstrommagnete sind geblecht ausgeführt, um die Wirbelstromverluste im Eisen gering zu halten. Sie haben zusätzlich eine Kurzschlußwicklung, damit beim Strom-Nulldurchgang eine Haltekraft vorhanden ist.
Die typische Leistungsaufnahme beträgt 0,02 W bis 1 W. [3],[4]
Vorteil: - geringer Bauaufwand
Nachteil: - nichtlineare Kennlinie

Durch den nichtlinearen Zusammenhang zwischen dem Strom und der Magnetkraft und aufgrund der Hysterese des Eisenkreises wird dieses Prinzip überwiegend zur Wandlung binärer Signale eingesetzt.

3.1.2 **Hubankerprinzip** [1],[2],[5],[6]

Im Gegensatz zum Klappanker wird die Kraft F im Luftspalt eines Eisenkreises in eine Linearbewegung eines Ankers umgesetzt, der ein Ventil betätigt. Die Kraft F berechnet sich wie beim Klappankerprinzip nach Gleichung 3.1 und ist nichtlinear vom Strom I und vom Hub l_{Lu} abhängig.

Durch die optimale konstruktive Gestaltung des Ankergegenstückes, wie im Bild 3.2 Einzelheit X angedeutet ist, kann der magnetische Fluß so beeinflußt werden, daß in einem bestimmten Bereich die Magnetkraft proportional dem Strom und weitgehend unabhängig vom Hub ist.

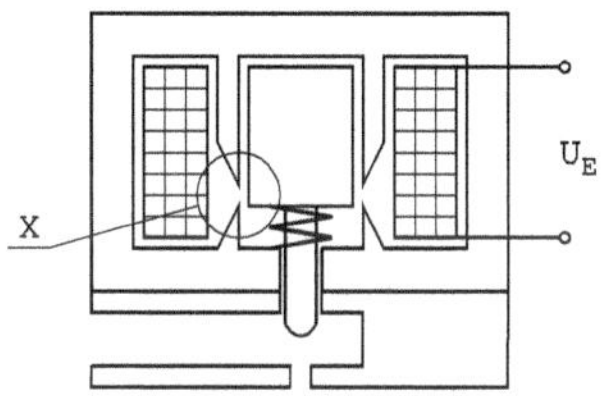

Bild 3.2 Hubankerprinzip als Proportionalventil
Einzelheit X: Kennlinienoptimierung

Die typische Leistungsaufnahme liegt zwischen 0,2 W und 40 W. [3]
Vorteil: - geringer Bauaufwand
Nachteil: - nichtlineare Kennlinie

Proportionalventile werden zur Wandlung analoger Signale genutzt, Hubankerventile ohne Kennlinienoptimierung wandeln hauptsächlich binäre Signale.

Es gibt Klapp- und Hubankerventile, die im Eisenkreis Dauermagnete enthalten und dadurch bistabiles Verhalten haben. Durch einen Stromimpuls wird das Ventil geöffnet, durch die Magnetkraft gehalten und durch einen entgegengesetzt gerichteten Stromimpuls wieder geschlossen. Wenn das Ventil nicht geschaltet wird, ist keine elektrische Leistung nötig. Deshalb eignen sich diese Ventile besonders für batteriegespeiste Geräte.

3.1.3 **Torque-Motor** [1]

Ein in der Mitte drehbar gelagerter Anker wird durch Federkräfte in der Mitte des Luftspaltes der Dauermagnete gehalten (Bild 3.3).

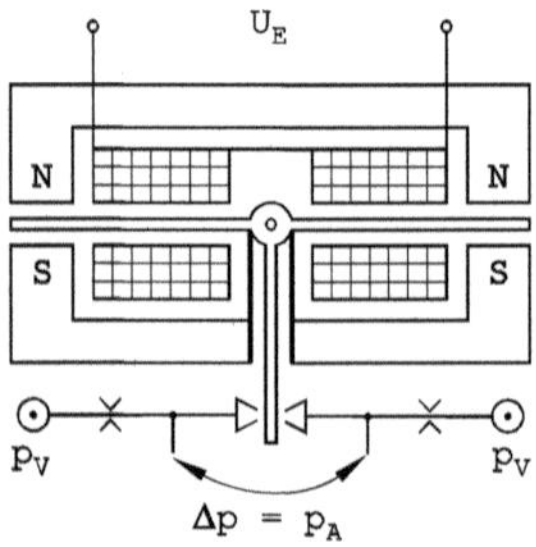

Bild 3.3 Torque-Motor mit zwei Düse-Prallplatte-Systemen

Fließt ein Strom durch die 2 Spulen, wird der Anker selbst zum Magnet, und durch die Wechselwirkung der Magnetfelder wird der Anker in eine Richtung gedreht. Mit den zwei Düse-Prallplatte-Systemen wird diese Auslenkung in eine Druckdifferenz umgeformt. Die typische Leistungsaufnahme beträgt 0,02 W bis 4 W. [1]

Vorteile:
- Die Ruhestellung in der Mittellage ermöglicht einen 2-Quadranten-Betrieb.
- hohe Dynamik (bis 300 Hz) [1]

Nachteile:
- hoher Bauaufwand
- großes Volumen

Eingesetzt wird er zur analogen Signalwandlung in hydraulischen, meist vorgesteuerten Ventilen.

3.1.4 Linearmotor [1],[7]

Bild 3.4 zeigt den prinzipiellen Aufbau eines Linearmotors.

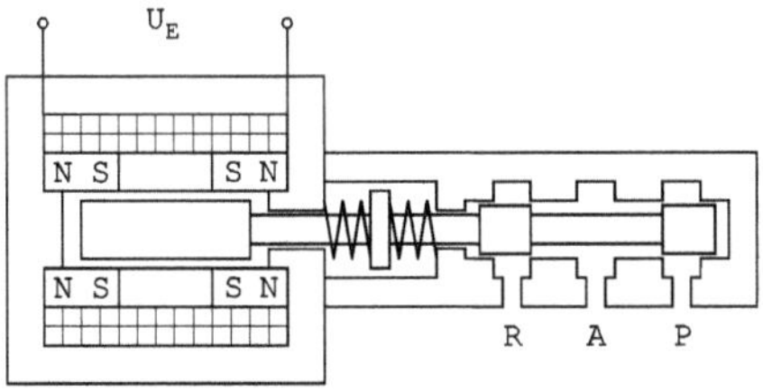

Bild 3.4 Linearmotor mit Kolbenschieberventil

Durch die Wechselwirkung zwischen Dauer- und Elektromagnet wird eine lineare Bewegung des Ankers in beide Richtungen möglich. Die typische Leistungsaufnahme beträgt 10 W bis 40 W. [1]

Vorteil: - größere Wege als mit dem Torque-Motor sind möglich, dadurch kann ein Hydraulikventil direkt gesteuert werden

Nachteil: - geringere Dynamik als der Torque-Motor (70 Hz) [7]

3.1.5 Wandler mit beweglichem Magnet [8],[9]

Vor dem Luftspalt einer Spule mit Eisenkreis ist ein hochkoerzitiver Dauermagnet beweglich gelagert (Bild 3.5).

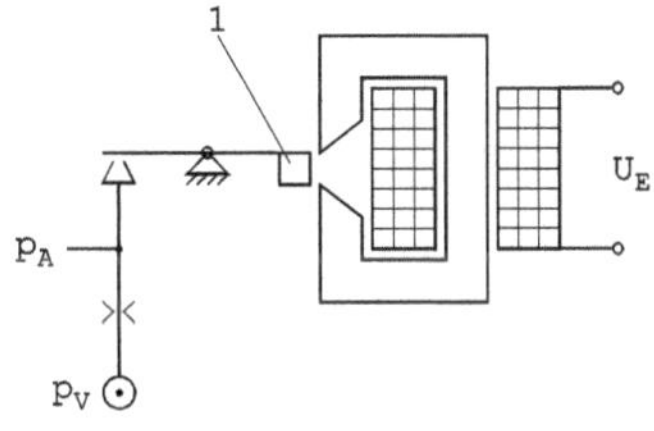

Bild 3.5 Wandler mit beweglichem Magnet
1 Dauermagnet

Das Magnetfeld der Spule übt Kräfte auf den Dauermagnet aus. Dadurch wird die Wippe bewegt und mit dem Düse-Prallplatte-System in eine Druckänderung umgeformt. Als Gegenmoment wirken die Kräfte an der Prallplatte auf den Dauermagnet zurück. Da der Dauermagnet eine Permeabilität etwa wie Luft hat, verändert sich der magnetische Widerstand des Eisenkreises bei Bewegung des Magnetes kaum und die Hysterese des Eisenkreises hat keinen Einfluß auf die Wandlung.

Vorteil: - lineare Wandlung
- rüttelunempfindlich

Nachteil: - hoher Bauaufwand

Zusammen mit einem linearen Druck-Leistungs-Verstärker wird dieser Wandler z.B. von den Firmen SENSYCON und ARCA für die analoge Strom-Druck-Wandlung eingesetzt.

3.1.6 **Elektrodynamischer Wandler** [2],[10]

Wenn ein Strom in einem Magnetfeld fließt, wirkt die Lorentz-Kraft F_L. Fließt der Strom senkrecht zum Magnetfeld, gilt:

$$F_L = I \cdot B \cdot l \cdot N \tag{3.2}$$

F_L Lorentz-Kraft
I Strom
B magnetische Flußdichte
l wirksame Leiterlänge
N Windungszahl

Diese Kraft wird in einer Tauchspule erzeugt und über eine Wippe in ein Drehmoment M_1 gewandelt (Bild 3.6).

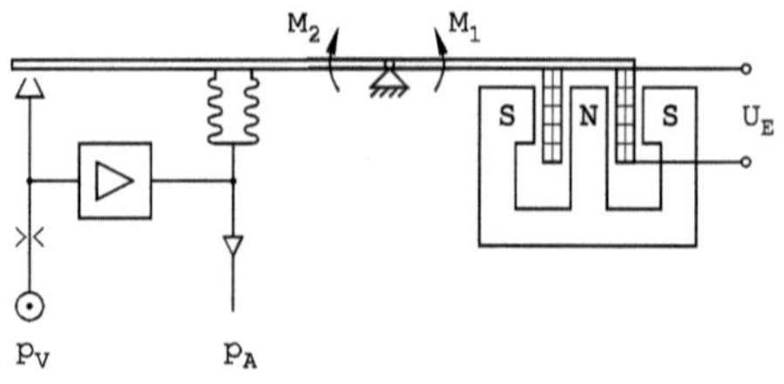

Bild 3.6 Elektrodynamischer Wandler

Auf der anderen Seite der Wippe wird mit Hilfe des Düse-Prallplatte-Systems die Auslenkung der Wippe in ein Drucksignal gewandelt. Der verstärkte Druck erzeugt mit dem Faltenbalg an der Wippe ein Gegenmoment M_2. Es findet eine Drehmoment-Kompensation statt, so daß im statischen Fall $M_1 = M_2$ ist. Der Ausgangsdruck p_A ist proportional dem Strom I.

Die Leistungsaufnahme dieser Wandler liegt bei 0,2 W bis 5 W. [1]

Vorteile: - lineares Verhalten
- je nach Stromrichtung positive oder negative Drehmomente erzeugbar

Nachteil: - großes Bauvolumen
- rüttelempfindlich

3.2 Festkörperenergiewandler

3.2.1 Magnetostriktiver Wandler [1],[11] bis [15]

Bei Anlegen eines magnetischen Feldes drehen sich die weisschen Bezirke eines ferromagnetischen Materials in die Magnetisierungsrichtung und bewirken eine volumeninvariante Längenänderung.

$$\varepsilon = s \cdot \tau + d \cdot H \tag{3.3}$$

ε Dehnung
s Elastizitätskonstante
τ mechanische Spannung
d magnetostriktive Konstante
H magnetische Feldstärke

Hochmagnetostriktive Werkstoffe aus Seltenerdemetall-Eisen-Legierungen, wie z.B. $Tb_{0,3}Dy_{0,7}Fe_2$ (TERFENOL-D) erreichen bei Feldstärken von 50 kA/m und einer Kraft von 500 N Dehnungen bis zu 1 mm/m. [1]
Bild 3.7 zeigt den Aufbau eines magnetostriktiven Ventils.

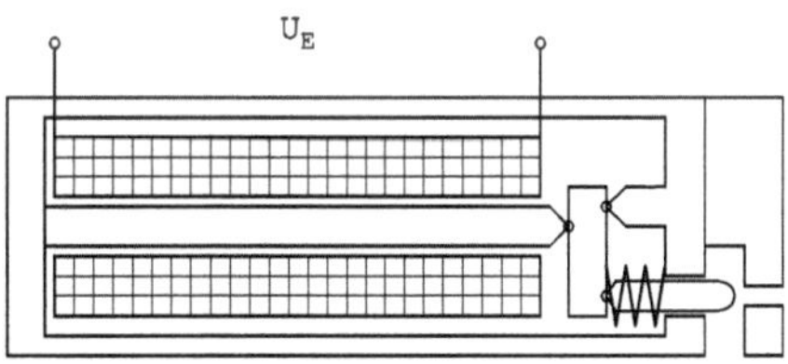

Bild 3.7 Magnetostriktives Ventil

In einer Spule befindet sich der magnetostriktive Stab, dessen Längenänderung über ein Hebelsystem vergrößert wird. Mit der Feder wird das System vorgespannt und zurückgestellt.

Vorteile:
- große Kräfte realisierbar
- kurze Reaktionszeiten

Nachteile:
- geringer Hub
- Hysterese der Kennlinie
- Leistungsbedarf im statischen Betrieb
- teures und schlecht verfügbares Material

Magnetostriktive Ventile werden für die binäre Signalwandlung z.B. als Einspritzventil für Dieselmotoren eingesetzt.

Im Institut für Materialforschung des Kernforschungszentrums Karlsruhe wird an einem magnetostriktiven Ventil zum Einsatz in der Mikrosystemtechnik gearbeitet. Dabei soll eine Bimetall-Membran mit einer magnetostriktiven Schicht von 3,5 µm Dicke bei Einfluß eines Magnetfeldes einen Ventilsitz öffnen. Die berechnete maximale Auslenkung der Membran beträgt 70 µm bei einem Gesamtradius von 6 mm und einer Magnetfeldstärke von 398 kA/m. [14],[15]

3.2.2 Piezoelektrischer Wandler [1] bis [3],[11] bis [13],[16]

Bei diesen Wandlern wird der inverse piezoelektrische Effekt genutzt. Bei Anlegen einer Spannung baut sich ein elektrostatisches Feld auf, die Ionen des piezoelektrischen Werkstoffes werden elastisch gegeneinander verschoben und bewirken eine Dehnung des Materials.

$$\varepsilon = S \cdot \tau + d \cdot E \qquad (3.4)$$

ε Dehnung
S Elastizitätskonstante
τ mechanische Spannung
d piezoelektrische Konstante
E elektrische Feldstärke

Als Material werden überwiegend polykristalline Sinterkeramiken eingesetzt, da sie die größten piezoelektrischen Konstanten aufweisen ($580 \cdot 10^{-12}$ m/V). [1]
Bild 3.8 zeigt den Aufbau eines piezoelektrischen Biegewandlers.

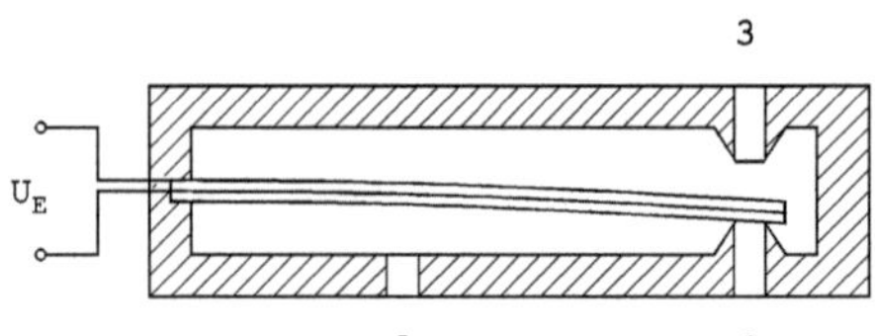

Bild 3.8 Piezoelektrischer Biegewandler

Der Biegestreifen besteht aus zwei gegensinnig polarisierten Schichten. Er verschließt im Ruhezustand die Öffnung 1. Bei Anlegen einer Spannung dehnt sich die untere Schicht aus und die obere Schicht zieht sich zusammen. Dadurch wird der Ausgang 3 verschlossen und zwischen den Öffnungen 1 und 2 besteht eine Verbindung.
Elektrisch verhält sich das Biegeelement wie ein Kondensator. Es benötigt im statischen Betrieb nur 0,001 W, aber der Leistungsbedarf steigt mit zunehmender Frequenz an. [17]

Vorteile: - kurze Reaktionszeiten (µs-Bereich)
- vernachlässigbare Leistungsaufnahme im statischen Betrieb

Nachteile: - Hysterese der Kennlinie
- nicht für hohe Temperaturen geeignet

Die Firma Hoerbiger Pneumatik bietet analoge und binäre Piezo-Biegewandler an, die als Miniatur- oder Vorsteuerventil eingesetzt werden.

Piezoscheiben werden auch, zu einem Stapel angeordnet, für die direkte Ansteuerung von Ventilen verwendet.
Ein Piezostapel erzeugt sehr hohe Kräfte (bis 30 kN), aber nur einen kleinen Stellweg (200 µm), deshalb werden zwischen Piezostapel und Ventil mechanische oder hydraulische Stellwegvergrößerer eingesetzt. Bei Piezostapelwandlern sind Leistungen bis 1000 VA möglich. [13]

3.3 Thermische Wandler

3.3.1 Wärmedehnung [1],[2],[18],[19]

Bei diesen Wandlern wird die Volumenzunahme von festen, flüssigen oder gasförmigen Stoffen bei Erwärmung genutzt. Eine relativ hohe Dynamik und niedrige Ansteuerleistung wird durch die Miniaturisierung des Wandlers erreicht. Deshalb werden nachfolgend Wandler aus der Mikrosystemtechnik beschrieben.

Den schematischen Aufbau eines Mikroventils in Siliziumtechnologie zeigt Bild 3.9.

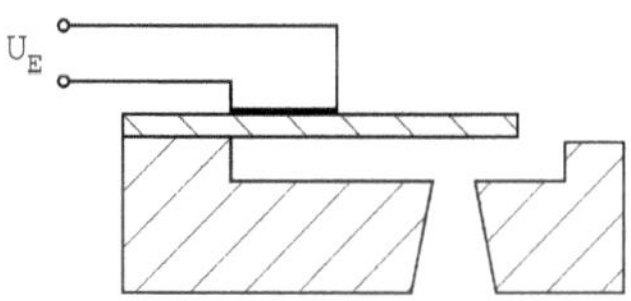

Bild 3.9 Mikroventil mit dem Prinzip der Wärmedehnung

Über der Ventilöffnung befindet sich ein wenige Mikrometer dicker Bimetallstreifen mit integriertem Heizelement. Bei elektrischer Erwärmung bedeckt der Bimetallstreifen die Ventilöffnung. Entscheidend für die Öffnungszeit des Ventils ist die Abkühlgeschwindigkeit des erwärmten Materials. Die Steuerleistung beträgt etwa 0,1 W bis 1 W. [1],[18]

Die Steuerspannung ist mit mikroelektronischen Bauelementen schaltbar und die Ansteuerelektronik läßt sich auf dem selben Chip unterbringen.

Auch Wandhaftelemente sind als elektrisch-pneumatischer Wandler einsetzbar (Bild 3.10).

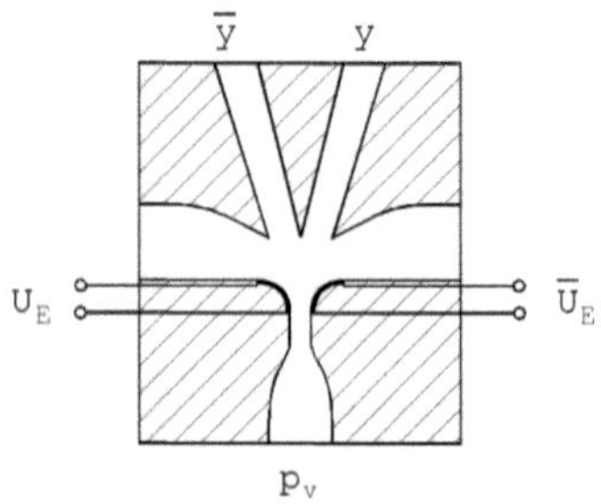

Bild 3.10 Wandhaftelement als E/P-Wandler

Ein turbulenter Freistrahl, der aus der Düse in der Mitte des Elementes austritt, reißt Fluid-Teilchen aus seiner Umgebung mit. In der Nähe einer Wand entsteht zwischen dem Freistrahl und der Wand ein Unterdruck. Dadurch wird der Freistrahl an der Wand gehalten. Die Form der Düsenöffnung ist so gestaltet, daß sich ein stabiler Zustand einstellt, wenn der Freistrahl in einen der Austrittskanäle y oder $\overline{y}$ strömt. Wird eine Wand beheizt, dehnt sich das Fluid aus und drückt den Freistrahl an die andere Wand.
Die typische Leistungsaufnahme dieser Wandler liegt zwischen 0,5 W und 10 W. [2],[19]

Vorteil: - Steuerleistung ist nur zum Umschalten in den anderen Zustand nötig
- keine bewegliche Teile

Nachteil: - ständiger Luftverbrauch.

Im Kernforschungszentrum Karlsruhe wurde ein Wandstrahlelement aus dem Kunststoff PMMA mit Hilfe der LIGA-Technik[1] gefertigt. Die Breite der Düse beträgt dabei z.B. 55 µm und die Höhe 500 µm. Bei einem Druck p_v = 0,24 bar und einem Steuersignal von 0,5 W wurde eine Umschaltzeit des Freistrahles von 0,4 ms gemessen. [19]

[1] Lithographie, Galvanoumformung und Abformtechnik (in Deutschland entwickelt)

3.3.2 Viskositätsänderung [2],[20] bis [22]

Die dynamische Viskosität von Gasen nimmt mit steigender Temperatur zu. Im Bereich von -20 °C bis 300 °C gilt

$$\eta \approx \eta_N \cdot (T / T_N)^{\frac{3}{4}} \qquad (3.5)$$

η dynamische Viskosität
T Temperatur
Die Normwerte für Luft sind: $\eta_N = 18{,}52 \cdot 10^{-6}$ Pa s
$T_N = 300$ K.

Der laminare Widerstand einer Kapillare mit kreisförmigem Querschnitt ist linear von der dynamischen Viskosität abhängig:

$$R_{lam} = \frac{8 \cdot \pi \cdot \eta \cdot l}{A^2} \qquad (3.6)$$

R_{lam} laminarer Widerstand
η dynamische Viskosität
l Länge der Kapillare
A Querschnittsfläche der Kapillare

Der Widerstand nimmt nach den Gleichungen 3.5 und 3.6 bei steigender Temperatur zu. Dieser Effekt läßt sich zum Beispiel in einer Druckteiler-Schaltung in eine Druckänderung umwandeln (Bild 3.11).

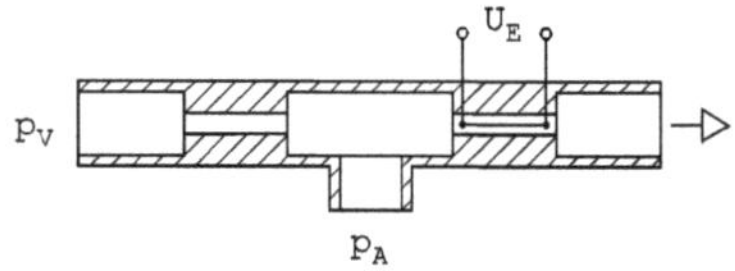

Bild 3.11 E/P-Wandler auf der Basis des thermoviskosen Effektes

Der Vordruck p_V ist konstant und die Luft der rechten Kapillare kann elektrisch erwärmt werden. Durch die erhöhte Viskosität der Luft steigt der Druckabfall über der erwärmten Kapillare und damit steigt auch der Ausgangsdruck p_A.
Die Heizleistung beträgt etwa 0,1 bis 3 W. [21],[22]
Vorteil: - keine bewegliche Teile
Nachteil: - ständiger Luftverbrauch
- nichtlineare Kennlinie
Die Grenzfrequenz ist gering (20 Hz) und hängt von der elektrischen Leistung und der Abkühlgeschwindigkeit ab.

3.4 Elektrochemischer Wandler [1],[23],[24]

In einem abgeschlossenen Volumen, bestehend aus Metallfaltenbalg und Elektrodenkammern, wird durch eine elektrochemische Reaktion ein Gas erzeugt. Dadurch erhöht sich der Druck und der Metallfaltenbalg bewegt den Drosselkörper des Ventils (Bild 3.12).

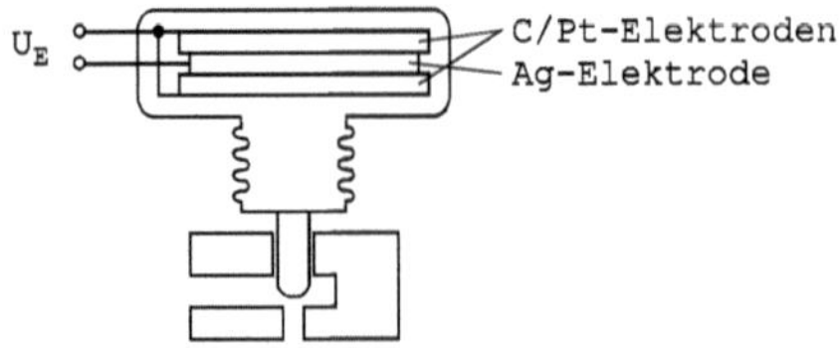

Bild 3.12 Elektrochemischer Wandler

Zwischen den Elektroden befindet sich ein Separator, der die Ionenleitung sichert und auch das notwendige Wasser enthält (im Bild nicht dargestellt).
Es finden folgende Reaktionen statt:
Silberelektrode:

$$Ag + 2\,OH^- \Longleftrightarrow AgO + H_2O + 2\,e^- \qquad (3.7)$$

Kohlenstoff-Platin-Elektrode:

$$2\,H_2O + 2\,e^- \Longleftrightarrow 2\,OH^- + H_2 \qquad (3.8)$$

Durch Anlegen einer positiven Spannung an die Silberelektrode wird das Silber oxydiert und an der Gegenelektrode Wasserstoff freigesetzt. Die Reaktion kann durch Kurzschließen der Elektroden rückgängig gemacht, und damit das Ventil zurückgestellt werden. Während der Rückreaktion ist eine Energierückgewinnung möglich.
Bei einer Leistungsaufnahme von 3 W beträgt die Verstellgeschwindigkeit etwa 5 mm/min. [1]

Vorteile:
- geringe Versorgungsspannung (1-5 V)
- leistungsloser statischer Betrieb
- durch Kurzschließen mögliches Zurückfahren in eine Sicherheitsstellung

Nachteile:
- geringe Stellgeschwindigkeit
- teurer Werkstoff Silber
- zur Zeit nicht bekannte Langzeitstabilität

Die Daimler Benz AG hat diesen Wandler entwickelt und als Heizköperventil getestet. Die Entwicklungstendenz geht auch in Richtung explosionsgeschützter Ausführung, wobei eine höhere Stellgeschwindigkeit nicht zu erwarten ist. [1]

3.5 Elektrokinetischer Wandler [2]

In einem Gehäuse, das zwei Membranen enthält, befindet sich eine polare Arbeitsflüssigkeit mit sehr geringer elektrischer Leitfähigkeit (z.B. Aceton). Durch eine poröse Trennwand mit zwei Elektroden wird die Arbeitsflüssigkeit in zwei Bereiche geteilt (Bild 3.13).

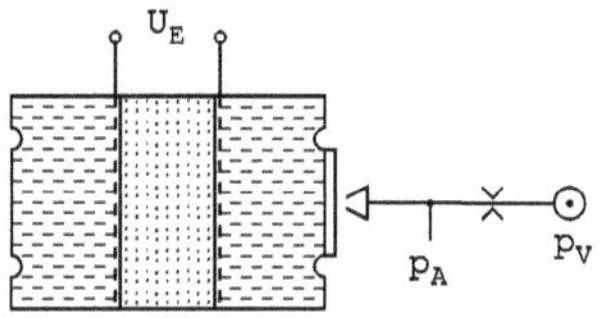

Bild 3.13 Elektrokinetischer Wandler

Wird eine Spannung an die Elektroden gelegt, entsteht ein elektrisches Feld und bewegliche Ladungsträger der Arbeitsflüssigkeit werden durch die Trennwand transportiert. Dabei reißen sie auch ungeladene Flüssigkeitspartikel mit. Das Volumen einer Seite wird vermindert und auf der anderen Seite erhöht. Die daraus resultierende Bewegung der Membranen wird z.B. mit einem Düse-Prallplatte-System in eine Druckänderung gewandelt.

Vorteil: - hohe Dynamik (bis 10^4 Hz)

Nachteile: - hoher Widerstand des Wandlers (10^5 Ω bis 10^7 Ω)
- temperaturabhängige Wandlungsempfindlichkeit
- keine Langzeitstabilität

Aufgrund der Nachteile hat sich dieser Wandler in der Praxis bis jetzt nicht durchgesetzt.

In der Mikrosystemtechnik wird nach diesem Prinzip eine Mikropumpe ohne bewegte mechanische Teile realisiert. Die Elektroden sind gitterförmig und stehen sich ohne poröse Trennschicht in einem Abstand von ca. 0,5 mm gegenüber. Bei einer Spannung von 800 V ist ein Förderstrom von 14 ml/min erreicht worden. [1]

3.6 Elektrorheologischer Wandler [1],[11],[25]

Elektrorheologische Flüssigkeiten (ERF) verändern Ihre Viskosität unter dem Einfluß eines elektrischen Feldes. Diese Flüssigkeiten sind Dispersionen eines mineralischen Stoffes in einer Flüssigkeit (z.B. Öl). Die Teilchengröße des festen Stoffes liegt im Bereich von einigen bis zehn Mikrometern. Ohne elektrisches Feld verhält sich die ERF wie eine viskose

Flüssigkeit. Bei Anlegen eines elektrischen Feldes ordnen sich die Partikel zu Ketten, bilden Brücken zwischen den Elektroden und die Viskosität steigt. Eine endgültige mathematisch-physikalische Theorie des elektrorheologischen Effektes gibt es noch nicht.
Den prinzipiellen Aufbau eines elektrorheologischen Ventils zeigt Bild 3.14.

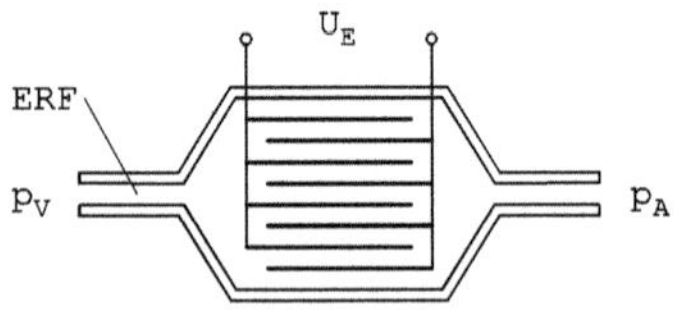

Bild 3.14 Elektrorheologischer Wandler

Die elektrorheologische Flüssigkeit fließt an den Platten eines Kondensators vorbei. Wird eine Spannung angelegt, steigt die Viskosität und der Widerstandswert des Ventils nimmt zu. Bei ausreichend hohen Feldstärken erstarrt die Flüssigkeit und das Ventil ist geschlossen. Der typische Leistungsbedarf liegt bei etwa 10 W bis 100 W. Es sind Feldstärken bis 4 kV/mm und damit auch ein Hochspannungsnetzteil erforderlich. [1]

Vorteile:
- kurze Reaktionszeiten (im ms-Bereich)
- keine bewegliche Teile.

Nachteile:
- Hochspannung erforderlich
- starke Temperaturabhängigkeit
- teure und schlecht verfügbare ER-Flüssigkeiten

Der elektrorheologische Wandler wird z.B. für elektrisch steuerbare Schwingungs- und Stoßdämpfer eingesetzt.

Der Trend geht auch in die Entwicklung und Erprobung von magnetorheologischen Flüssigkeiten. Sie verändern ihre Viskosität unter dem Einfluß eines magnetischen Feldes. [26]

4 Auswahl eines Funktionsprinzips

4.1 Vergleich der Leistungsaufnahme

Für die Auswahl eines geeigneten Wandlungsprinzips ist vorrangig die geringe elektrische Leistungsaufnahme entscheidend. Die Tabelle 4.1 zeigt die Funktionsprinzipien und ihren typischen Leistungsbedarf.

Tabelle 4.1 Übersicht der Funktionsprinzipien

Funktionsprinzip	Leistungsaufnahme in W
Piezostriktion	0,001 - 1000
Klappankerprinzip	0,02 - 1
Torque-Motor	0,02 - 4
Wandler mit bewegl. Magnet	0,08
Wärmedehnung	0,1 - 1
Viskositätsänderung	0,1 - 3
elektrodynamisch	0,2 - 5
Hubankerprinzip	0,2 - 40
elektrokinetisch	1 - 10
elektrochemisch	3
Linearmotor	10 - 40
elektrorheologisch	10 - 100
Magnetostriktion	350

Bei dem Prinzip der Piezostriktion benötigt ein Piezo-Biegewandler die geringste Leistung, während Piezo-Stapelwandler für hohe Leistungen angewendet werden. Laut Aufgabenstellung sollte in dieser Arbeit kein Wandler mit dem Prinzip der Piezostriktion entworfen werden.
Da der zu entwerfende Wandler nicht unbedingt eine lineare Kennlinie besitzen muß, wurde ein elektromagnetisches Prinzip, auf das in den nächsten Kapiteln ausführlich eingegangen wird, dem elektrodynamischen Prinzip vorgezogen.
Thermische Wandlungsprinzipien sind bisher nur mit Leistungen größer als 25 mW betrieben worden. Eine Minimierung der Heizleistung bewirkt eine Vergrößerung der Schaltzeiten.
Ein elektrokinetischer Wandler benötigt hohe Spannungen und ist damit als eigensicherer Wandler nicht geeignet.
Die Dynamik eines elektrochemischen Wandlers ist für den vorgesehenen Einsatz völlig unzureichend.

Elektrorheologische Wandler benötigen Hochspannungen und einen eigenen Flüssigkeitskreislauf. Deshalb sind sie für einen Einsatz als eigensicherer Wandler im Stellungsregler nicht geeignet.
Das magnetostriktive Prinzip benötigt zur Zeit noch große Leistungen und eignet sich deshalb nicht.

4.2 Vergleich elektromagnetischer Wandler

Bei elektromagnetischen Wandlern wird die elektrische Energie zuerst in magnetische Energie, dann in mechanische Energie und anschließend in fluidische Energie gewandelt. Nach der Bewegung des mechanischen Teils unterscheidet man Wandler mit

- Linearbewegung: Hubankerprinzip, Linearmotor
- Drehbewegung: Klappankerprinzip, Torque-Motor, Wandler mit beweglichem Magnet

Die Winkel der Drehbewegung sind dabei so gering, daß die Bewegung des mechanischen Teils in tangentialer Richtung annähernd als geradlinige Bewegung betrachtet werden kann.

Die Wandler mit Drehbewegung haben gegenüber denen mit linearer Bewegung folgende Vorteile:
- Lagerung des bewegten Teiles nur an einer Stelle
- geringere Reibung
- bewegte Masse muß nicht den gesamten Hubweg zurücklegen
- durch unterschiedlich lange Hebelarme einfache mechanische Übersetzung
- störender Luftspalt ist kleiner

Die Nachteile der Wandler mit Drehbewegung sind:
- nur geringe Hübe realisierbar
- aufwendigerer Aufbau

Aufgrund der Vorteile wird ein Wandler mit Drehbewegung gewählt.
Der einfache Aufbau eines Wandlers mit Klappanker gegenüber dem Torque-Motor und dem Wandler mit beweglichem Magnet führte zur Wahl des Klappankerprinzips. Es wird eine binäre Signalwandlung realisiert, da die Kennlinie des Klappankerprinzips nichtlinear ist. Durch schnelle pulsbreitenmodulierte Ansteuerung kann eine quasianaloge Wandlung erreicht werden.

5 Entwurf und Aufbau des Funktionsmusters

5.1 Wirkungsweise

Laut Aufgabenstellung soll der Wandler im Ruhezustand keinen Luftverbrauch haben. Deshalb muß die Düse verschlossen sein, wenn der Stellantrieb nicht bewegt wird.
In einem Vorversuch wurde ein Wandler getestet, der die Düse durch die Magnetkraft verschließt (Bild 5.1).

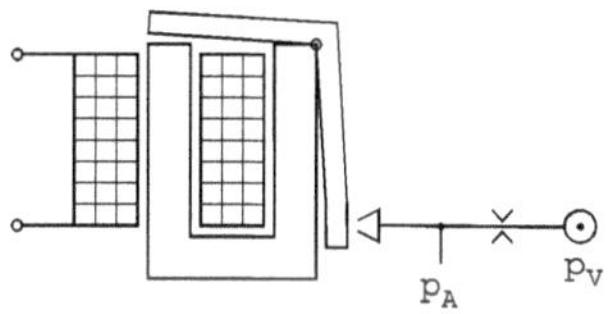

Bild 5.1 Prinzip des Wandlers aus dem Vorversuch

Vorteile: - Beim Anzug kann die Gegenkraft sehr gering gehalten werden.
- Hohe Dichtheit der verschlossenen Düse, da bei geringem Luftspalt eine große Kraft wirkt.

Nachteile: - Es ist im Ruhezustand eine Halteleistung nötig. Da zwei Wandler für den Stellungsregler nötig sind, reduziert sich die Leistung je Wandler auf die Hälfte der verfügbaren Leistung.
- Die Schaltzeit vom Ruhezustand in den aktiven Zustand (stromlose Spule) wird überwiegend vom Abbau des Magnetfeldes bestimmt und ist größer als die Schaltzeit beim Einschalten des Magneten.

Aufgrund der Nachteile wird die Wirkungsweise so gewählt, daß die Düse durch eine Feder verschlossen und durch die Magnetkraft geöffnet wird (siehe Bild 5.5 Seite 30).

Um die im Bereich kleiner Luftspalte wirksamen hohen Kräfte nutzen zu können, wird ein Anker mit zwei unterschiedlich langen Hebelarmen eingesetzt. Der längere Hebelarm verschließt die Düse.
Vorteile des Hebels:
- Bei vorgegebenem Hub an der Düse muß das massereiche Ankerstück des Magnetkreises einen kleineren Weg zurücklegen.
- Bei geringer elektrischer Leistung sind noch ausreichend große Kräfte verfügbar (siehe Bild A.2 Seite 46).

- Die Anpassung der Kennlinie des Magnetkreises zu der des Düse-Prallplatte Systems ist einfach realisierbar (siehe Abschnitt 5.4).

5.2 Entwurf des Magnetkreises

Der Magnetkreis eines Klappankermagneten wird nachfolgend unter Vernachlässigung des Luftspaltes in der Nähe des Drehpunktes als Magnetkreis mit nur einem Luftspalt betrachtet.

Die Kraft ist bei konstantem Strom stark vom Luftspalt abhängig. Es ist daher nötig, die Kraft-Weg-Kennlinie genauer nach der im Anhang beschriebenen Methode zu bestimmen. Dabei wird die Nichtlinearität der Magnetisierungskurve berücksichtigt.

Damit der Magnetkreis nicht angefertigt werden mußte, wurde ein vorhandenes Relais verwendet (RGI-Relais 30.1-140 nach TGL 200-3796). Dieses Relais arbeitet nach dem Klappankerprinzip mit unterschiedlich langen Hebelarmen.

Wichtige Daten des Magnetkreises:

Windungszahl der Spule:	12000
ohmscher Widerstand der Spule:	2,2 kΩ
Induktivität bei angezogenem Anker:	8,2 H
Drahtdurchmesser der Spule:	0,056 mm
Maße des Wickelfensters:	2,7 mm · 21,5 mm
Abstand zwischen Wickelfenster und Kern:	0,35 mm
Kerndurchmesser:	4,4 mm

Die Berechnung der Magnetkraftkennlinie ergab ausreichend hohe Kräfte bei 25 mW (siehe Bild A.3 Seite 47). Die berechneten und gemessenen Werte stimmen gut überein, wenn mit einem ständig vorhandenen Luftspalt $l_{Lu\ 0}$ von 0,067 mm gerechnet wird (siehe Abschnitt 6.1.2).

5.3 Entwurf des Systems Düse-Prallplatte

Zur Wandlung des Weges des Klappankermagneten in eine Druckänderung wird das System Düse-Prallplatte verwendet. (Bild 5.2)

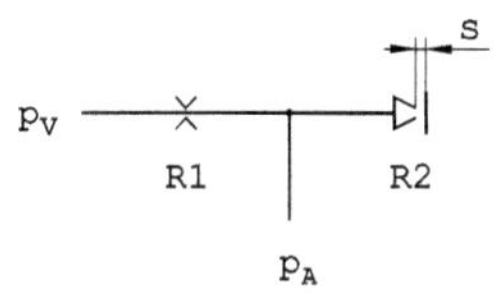

Bild 5.2 System Düse-Prallplatte

Das Düse-Prallplatte-System ist eine Druckteiler-Schaltung mit einem veränderlichen fluidischen Widerstand R2. Für die binäre Signalwandlung reicht es aus, zwei Zustände zu betrachten:

$s = 0$: Die Düse ist verschlossen. $$p_{A\,max} = p_V \qquad (5.1)$$

$s = s_{max}$: Die Düse ist geöffnet. $$p_{A\,min} = p_V \cdot \frac{R2}{R1 + R2} \qquad (5.2)$$

Dabei bedeuten:

R1 fluidischer Widerstand der Vordrossel
R2 fluidischer Widerstand der Düse

Der maximal notwendige Weg, um die Düse vollständig zu öffnen (s_{max}), ist dann erreicht, wenn der Querschnitt der Düsenöffnung A_D gleich der Mantelfläche A_M ist, die ein Zylinder mit dem Durchmesser der Düsenöffnung d und der Länge s hat.

$$A_M = A_D \qquad (5.3)$$

$$\pi \cdot d \cdot s = \frac{\pi}{4} \cdot d^2 \qquad (5.4)$$

$$s = \frac{d}{4} \qquad (5.5)$$

Bei einem Weg $s_{max} = \frac{d}{4}$ ist die Düse vollständig geöffnet und am Ausgang liegt der Druck $p_{A\,min}$ an.

Der Ausgangsdruck p_A übt bei geschlossener Düse auf die Prallplatte eine Kraft $F_{p\,max}$ aus:

$$F_{p\,max} = p_{A\,max} \cdot A_D \qquad (5.6)$$

Bei geöffneter Düse wirken außer dem statischen Druck auch noch Strömungskräfte auf die Prallplatte, deshalb gilt nur annähernd:

$$F_{p\,min} = p_{A\,min} \cdot A_D \qquad (5.7)$$

Die Empfindlichkeit des Düse-Prallplatte-Systems sinkt bei hohen Versorgungsdrücken. Deshalb wurde der Einheitsdruck von 1,4 bar verwendet. Der

Durchmesser der Vordrossel R1 wurde mit 0,3 mm festgelegt, damit die Störanfälligkeit gegenüber verschmutzter Luft gering ist. Der Durchmesser der Düse wurde so gewählt, daß sich die zwei Arbeitspunkte gut an die Magnetkraftkennlinie des Magnetkreises anpassen.

5.4 Arbeitspunktfestlegung

Die wirksamen Kräfte erzeugen an dem Klappanker Drehmomente. Damit der Vergleich mit der Magnetkraftkennlinie vereinfacht wird, werden alle auftretenden Drehmomente in eine Kraft F umgerechnet, die an dem selben Punkt des Klappankers angreift wie die Magnetkraft F_M. Der Abstand dieses Punktes zum Drehpunkt des Klappankers beträgt bei dem verwendeten Magnetkreis 8 mm (Bild 5.3).

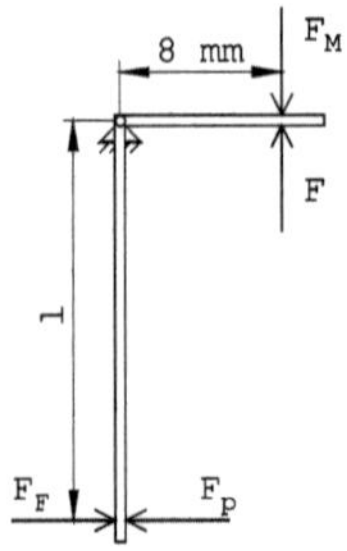

Bild 5.3 Kräfte am Klappanker

Für den Hebel gilt das Übersetzungsverhältnis:

$$i = \frac{l}{8\,mm} \tag{5.8}$$

Noch nicht auf den Angriffspunkt der Magnetkraft umgerechnete Kräfte F' und Wege s' werden wie folgt umgerechnet:

$$F = F' \cdot i \tag{5.9}$$

$$l_{Lu} = \frac{s'}{i} \tag{5.10}$$

Im Bild 5.4 ist der prinzipielle Verlauf der Magnetkraft F_M und die Lage der Arbeitspunkte in Abhängigkeit der Luftspaltlänge l_{Lu} geben.

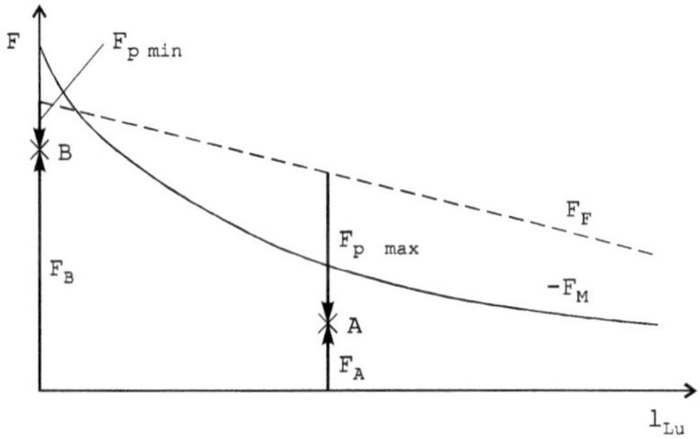

Bild 5.4 Arbeitspunkte des Wandlers

Arbeitspunkt A: - stromlose Spule
- Düse verschlossen

Arbeitspunkt B: - stromdurchflossene Spule
- Düse geöffnet

Um ein schnelles Schalten zu gewährleisten, muß die Kraft F_A nahe Null und die Kraft F_B nahe der maximalen Magnetkraft liegen, denn der Anzugsvorgang beginnt, wenn $|F_M| > F_A$ ist und der Abfallvorgang beginnt, wenn $|F_M| < F_B$ ist. Deshalb ist eine ausreichend große Differenz ΔF zwischen den Arbeitspunkten A und B günstig.

$$\Delta F = F_B - F_A \tag{5.11}$$

$$\Delta F = (F_{F\,B} - F_{p\,min}) \cdot i - (F_{F\,A} - F_{p\,max}) \cdot i \tag{5.12}$$

$$\Delta F = (F_{F\,B} - F_{F\,A} + F_{p\,max} - F_{p\,min}) \cdot i \tag{5.13}$$

$$\Delta F = (k_F \cdot \Delta s' + A_D \cdot \Delta p) \cdot i \tag{5.14}$$

Die Differenz ΔF wird bestimmt durch
- die Federkonstante k_F
- den Hub der Prallplatte $\Delta s'$
- die Querschnittsfläche der Düsenöffnung A_D
- die Druckdifferenz Δp
- das Übersetzungsverhältnis i

Die Gewichtskraft des Ankers wird hier nicht berücksichtigt. Sie kann durch eine zweite Feder weitgehend kompensiert werden.

Die Federkonstante k_F muß sehr groß sein, um bei den geringen Hüben eine ausreichend große Kraftdifferenz ΔF zu erzeugen. Das führt zu einer sehr

harten Feder ($k_F > 1\,N / mm$), deren exakte Justierung aufwendig ist. Das Labormuster wurde so konstruiert, daß die Federkonstante einfach verändert und die Feder genau justiert werden kann.
Für das Labormuster wurde ein Hebelverhältnis von i = 4,19 und ein Düsendurchmesser von d = 0,7 mm gewählt. Die Kraftdifferenz durch den Druckunterschied von 1 bar beträgt dabei 0,161 N.

Wichtige Daten des Düse-Prallplatte-Systems:

Versorgungsdruck:	1,4 bar
Ausgangsdruck bei geöffneter Düse:	0,4 bar
Durchmesser der Vordrossel:	0,3 mm
Durchmesser der Düse:	0,7 mm

Für die Verwendung des Wandlers im Stellungsregler muß der Ausgangsdruck mit einem Druck-Leistungs-Verstärker verstärkt werden, damit größere Drücke (bis 10 bar) und größere Volumenströme (bis 6 m^3/s) geschaltet werden können. Dieser Verstärker kann z.B. nachdem Prinzip eines Doppelmembranrelais mit Vorsteuerung arbeiten.

5.5 Begrenzung der magnetischen Energie

Eigensichere elektrische Stromkreise müssen Grenzwerte für Strom, Spannung, gespeicherte elektrische Energie und elektromagnetische Fremdfelder einhalten. Für den hier betrachteten Wandler ist die Begrenzung der gespeicherten magnetischen Energie bedeutsam, denn Strom und Spannung liegen weit unterhalb der Maximalwerte. Aus den Zündgrenzkurven im Anhang A der DIN/EN 50020 ist ersichtlich, daß für eigensichere induktive Stromkreise mit einer Induktivität L > 3 mH die magnetische Energie W_{mag} begrenzt wird. In diesem Bereich ist die Zündgrenzkurve im doppelt logarithmischen Maßstab eine Gerade, bei der das Produkt aus $L \cdot I^2$ konstant ist.

Die nachfolgenden Berechnungen werden für die Explosionsgruppe II C durchgeführt. Sie enthält die kleinsten Grenzwerte. Ein elektrisches Betriebsmittel, das für die Explosionsgruppe IIC ausgelegt ist, kann auch in den anderen Explosionsgruppen eingesetzt werden.

Aus der DIN/EN 50020 Anhang A wurde für einen induktiven Stromkreis der Explosionsgruppe II C folgendes Wertepaar abgelesen:

L = 10 mH
I = 90 mA

Bei Vorliegen dieser Grenzwerte ist die Zündung eines explosionsfähigen Gasgemisches möglich, deshalb muß noch ein Sicherheitsfaktor von 1,5 für den Strom berücksichtigt werden. Damit ist die maximal zulässige magnetische Energie $W_{mag\,max}$ berechenbar.

$$W_{mag} = \frac{I^2 \cdot L}{2} \tag{5.15}$$

$$W_{mag\,max} = \frac{I^2 \cdot L}{1,5^2 \cdot 2} \tag{5.16}$$

$$W_{mag\,max} = \frac{(90\,mA)^2 \cdot 10\,mH}{1,5^2 \cdot 2} \tag{5.17}$$

$$W_{mag\,max} = 0,018\,mWs \tag{5.18}$$

Der Wandler hat eine maximale Induktivität von L = 8,2 H bei angezogenem Anker. Die magnetische Energie kann bei vorgegebener Induktivität L durch Einhaltung eines maximalen Stromes I_{max} begrenzt werden.

$$I_{max} = \sqrt{\frac{2 \cdot W_{mag\,max}}{L}} \tag{5.19}$$

$$I_{max} = \sqrt{\frac{2 \cdot 0,018\,mWs}{8,2\,H}} \tag{5.20}$$

$$I_{max} = 2,1\,mA \tag{5.21}$$

Um die Forderung einzuhalten, wurden die meisten Messungen an dem Wandler mit einer Leistungsaufnahme von P = 6,25 mW durchgeführt. Der Strom beträgt dabei I = 1,68 mA und ist um den Faktor 0,8 kleiner als I_{max}.

5.6 Aufbau

Bild 5.5 (Seite 30) zeigt den Aufbau des Funktionsmusters.
An den Magnetkreis, bestehend aus Magnetkern (10), Magnetblech (3), Klappanker (8) und Spule(9), wurde ein Winkel (12) aus Aluminium mit zwei Schrauben M2 befestigt. (Die Schrauben sind im Bild 5.5 nicht sichtbar.)
In den Winkel (12) ist die Düse (5) eingeschraubt. Sie ist in der Längsachse justierbar und wird mit der Kontermutter (14) befestigt.
Die Feder (7) wird mit der Schraube (4) befestigt und mit der Schraube (15) justiert. Sie verschließt im Ruhezustand die Düse (5) mit dem Gummi (6).

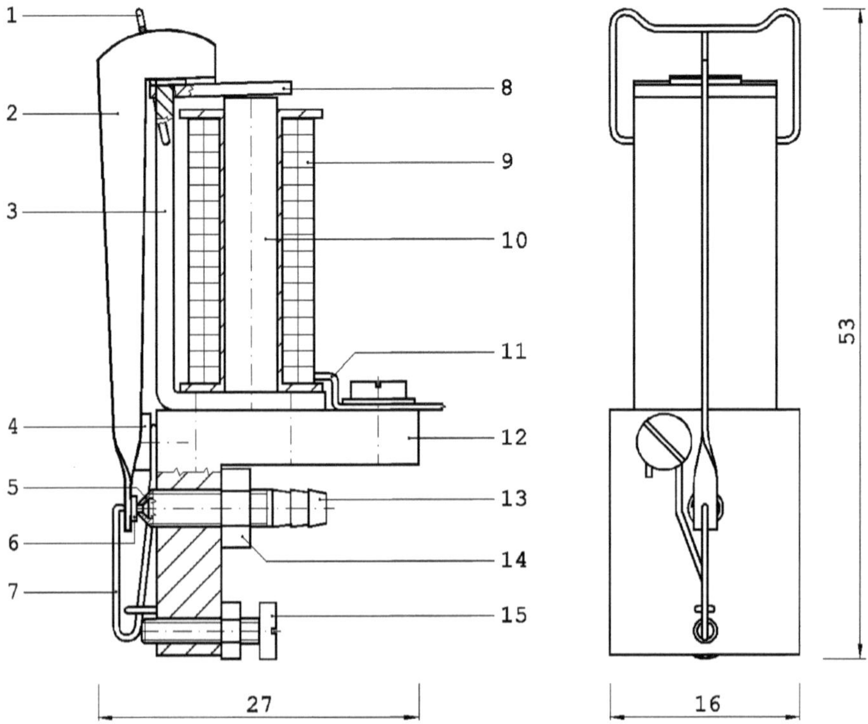

1	Feder	9	Spule
2	Winkel	10	Magnetkern
3	Magnetblech	11	Anschlußleitung
4	Befestigungsschraube	12	Winkel
5	Düse	13	Anschluß für Schlauch mit T-Stück und Vordrossel
6	Gummi	14	Mutter zur Befestigung der Düse
7	Feder	15	Einstellschraube der Feder 6
8	Klappanker		

Bild 5.5 Prinzipieller Aufbau des Wandlers

An den beweglichen Teil des Magnetkreises (8) wurde der Winkel (2) genietet. Dieser besteht aus nichtmagnetischem Stahl und ist an seinem langen Hebelarm um 90° gedreht, damit der Gummi (6) aufgeklebt werden konnte.
Die Feder (1) drückt den Klappanker (8) gegen die Kippkante. Sie sitzt in einer Kerbe auf dem Winkel (2) und übt auf den Anker nur ein vernachlässigbar kleines Drehmoment aus.
Der elektrische Anschluß der Spule (9) erfolgt über die fest verbundene Anschlußleitung (11).

An dem Anschluß (13) wird mittels Schlauch ein T-Stück-Verbinder angeschlossen, an dem die Vordrossel mit Hilfsluftversorgung und außerdem einem Druckmeßgerät zur Bestimmung des Ausgangsdruckes angeschlossen wird. (im Bild 5.5 nicht dargestellt)

6 Meßergebnisse

6.1 Magnetkraftkennlinie

6.1.1 Messung der Magnetkraftkennlinie

Für das Funktionsmuster wurde die Magnetkraft in Abhängigkeit vom Luftspalt des Magnetkreises bei unterschiedlicher Leistungsaufnahme ermittelt. Eingestellt wurde ein der Leistung entsprechender Strom nach Gleichung A.15 ($R_{Sp} = 2{,}2\ k\Omega$):

25 mW: 3,38 mA

12,5 mW: 2,38 mA

6,25 mW: 1,68 mA

Der Anker wurde mit Gewichten belastet und in den angezogenen Zustand versetzt. Danach wurde der Luftspalt so weit zwangsweise vergrößert, bis der Anker abfiel und dabei der Weg s' gemessen (Bild 6.1).

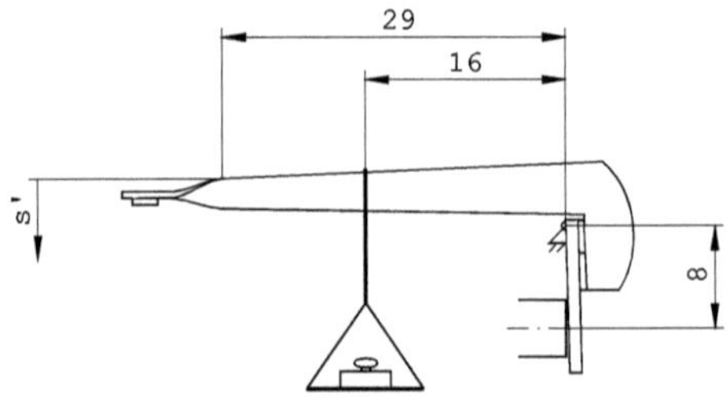

Bild 6.1 Prinzip der Meßanordnung zur Bestimmung der Magnetkraftkennlinie

Zur genauen Messung wurde der Weg s' am langen Hebelarm (l = 29 mm) mit einer Meßuhr gemessen und auf die Luftspaltlänge l_{Lu} umgerechnet.

$$l_{Lu} = s' \cdot \frac{8}{29} \tag{6.1}$$

Die Feder im Drehpunkt des Ankers wurde so eingestellt, daß sie das Eigengewicht des Ankers weitgehend kompensierte. Die Feder zum Schließen der Düse war nicht eingebaut. Damit errechnet sich die Magnetkraft wie folgt:

$$F_M = m_{ges} \cdot 9{,}81 \frac{m}{s^2} \cdot \frac{16}{8} \tag{6.2}$$

Dabei bedeutet m_{ges} die Gesamtmasse aller Gewichte und Hilfsmittel, die in einer Kerbe bei einem Abstand $l = 16$ mm vom Drehpunkt des Ankers angehängt waren.
Die Meßergebnisse sind im Bild A.2 (Seite 46) dargestellt.

6.1.2 Vergleich mit der berechneten Kennlinie

Die Berechnung und graphische Darstellung der Magnetkraftkennlinie erfolgte mit einem für diesen Zweck erweiterten Programm in TURBO-PASCAL. Die Flußdichte B wurde durch Iteration nach der Gleichung A.24 und danach die Kraft nach Gleichung A.25 berechnet. Für die Berechnung wurde die Funktion $\mu_r(B)$ aus [27] für den Stahl 1.4105 verwendet (Tabelle A.1, Seite 47). Zwischenwerte berechnete das Programm durch lineare Interpolation. Die Iteration wurde beendet, wenn gilt: $|B_n - B_{n-1}| < 0{,}001$ T
Für die Berechnung war es notwendig, Teile des Magnetkreises mit anderem Querschnitt als dem kreisförmigen Querschnitt des Spulenkerns in widerstandsgleiche Teile mit einheitlichem Querschnitt umzurechnen. Damit ergibt sich eine Eisenkreislänge $l_{Fe} = 62$ mm anstatt 65,4 mm ohne Umrechnung.

Mit folgenden Werten wurde gerechnet:

$P = 25$ mW	$l_m = 24{,}5$ mm
$\chi = 56\ m/\Omega mm^2$	$\mu_0 = 1{,}2566 \cdot 10^{-6}$ Vs/Am
$k_{Cu} = 0{,}5$	$l_{Fe} = 62$ mm
$a = 2{,}7$ mm	$A_{Lu} = 15{,}2 \cdot 10^{-6}\ m^2$
$b = 21{,}5$ mm	$\mu_r(B)$ siehe Tabelle A.1

Bild A.3 (Seite 47) zeigt die berechneten und gemessenen Werte. Durch Einfügen eines ständig vorhandenen Luftspaltes $l_{Lu\,0} = 0{,}067$ mm wurde eine gute Übereinstimmung mit den gemessenen Werten erreicht. Der tatsächlich vorhandene Luftspalt $l_{Lu\,0}$ wurde auf 0,03 mm geschätzt, da eine exakte Messung nicht möglich war. Der Wert $l_{Lu\,0} = 0{,}067$ mm ist größer als der tatsächlich vorhandene Luftspalt, da bei der Berechnung der Streufluß vernachlässigt und die verwendete Funktion $\mu_r(B)$ den tatsächlichen Verlauf nur annähernd beschreibt.

Der Vergleich zeigt, daß die Berechnung der Magnetkraftkennlinie für kleine Luftspalte schwierig ist, da störende Luftspalte einen relativ großen Einfluß auf die Magnetkraft haben. Durch Korrektur der Berechnung mit $l_{Lu\,0}$ kann die Magnetkraft für andere Leistungen und ähnliche Magnetkreise vorausberechnet werden.

6.2 Schaltvorgänge

Der Hub an der Düse wurde so justiert, daß bei geöffneter Düse und einem Vordruck p_V = 1,4 bar am Ausgang ein Druck von 0,4 bar anliegt. Damit ergibt sich eine Druckdifferenz von 1 bar. Der Ausgangsdruck p_A wurde mit einem Druckmeßumformer in ein elektrisches Signal umgeformt und verstärkt am Speicheroszilloskop abgebildet.
Das Volumen des Druckmeßumformers und der Schlauchverbindung zwischen Vordrossel und Prallplatte betrug 1 cm^3.

Da der Stromverlauf für die Krafterzeugung entscheidend ist, wurde er in der oberen Oszillogrammhälfte abgebildet. Dazu wurde der Spannungsfall an einem 6 Ω Widerstand gemessen (Bild 6.2).

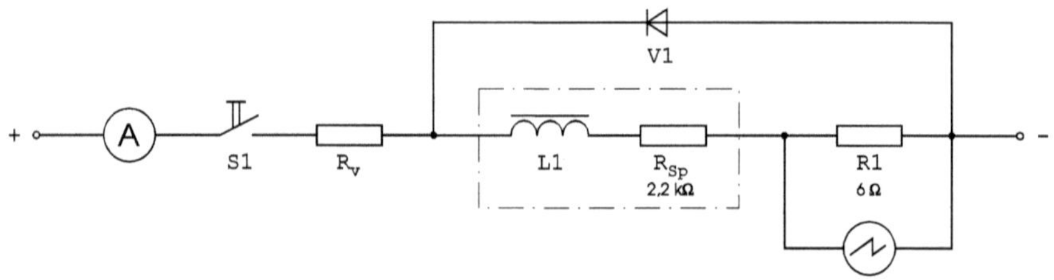

Bild 6.2 Elektrischer Teil der Schaltung zur Messung der Schaltvorgänge

Damit beim Abschaltvorgang keine hohe Induktionsspannung entsteht, ist über der Spule eine Schutzdiode V1 geschaltet.
Alle Messungen wurden mit einem Strom von 1,68 mA durchgeführt.
Die Oszillogramme wurden mit dem Drucker Robotron K6314 ausgedruckt.
In den Bildern A.4 und A.5 (Seite 48) ist der Ein- und Ausschaltvorgang ohne Vorwiderstand R_v dargestellt. Zum Zeitpunkt t = 0 wurde der Schalter S1 geschlossen bzw. geöffnet und damit die Versorgungsspannung sprungförmig geändert.
Der Stromverlauf während des Eischaltvorganges zeigt bei t = 17 ms einen kleinen Knick, denn zu diesem Zeitpunkt hat der Anker seine höchste Geschwindigkeit erreicht und schlägt an den Spulenkern an. Die Bewegung des Ankers verändert den Luftspalt des Eisenkreises und damit die Induktivität der Spule. Eine Zunahme der Induktivität bewirkt ein Absinken des Stromes.
Während des Ausschaltvorganges zeigt der Stromverlauf bei t = 8 ms einen Knick, d.h. zu diesem Zeitpunkt ist die Düse bereits verschlossen.

Zur Verkürzung der Einschaltzeit wurde ein Widerstand R_V in Reihe zu der Spule des Wandlers geschaltet. Für die Ausschaltzeit hat er keinen Einfluß. Das Zeitverhalten für zwei unterschiedliche Widerstände zeigen die Bilder A.6 und A.7 (Seite 49). Durch den Widerstand R_V wird die elektrische Zeitkonstante $\tau = \frac{L}{R}$ verkleinert. Der Strom steigt schneller auf seinen Endwert. Dazu ist aber eine höhere Spannung und eine größere Leistung nötig.

6.3 Luftverbrauch bei geschlossener Düse

Im stromlosen Zustand des Wandlers wird die Düse durch die Federkraft geschlossen (Arbeitspunkt A). Eine große Federkraft bewirkt durch die hohe Dichtheit einen geringen Luftverbrauch. Die Federkraft beeinflußt aber auch die Schaltzeiten. Bild A.8 (Seite 50) zeigt den Normluftverbrauch V_N bei geschlossener Düse in Abhängigkeit der Schaltzeiten t_E, t_A, die sich durch unterschiedliche Federkraft ergeben. Als Schaltzeit wurde die Zeit vom Schließen des Schalters bis zur Änderung des Ausgangsdruckes um 10 % von der Maximaländerung gemessen.
Die Messung der Schaltzeiten wurde ohne Vorwiderstand mit einem Strom I = 1,68 mA (P = 6,25 mW) mit Schutzdiode über der Spule durchgeführt. Als Durchflußmesser wurde ein Rotameter (Nr. 65626 D7-82) verwendet. Die Meßwerte für den Durchfluß V wurden in der Zuleitung bei einem Druck von 1,4 bar gemessen und auf den Normdruck nach [28] umgerechnet.

$$V_N = V \cdot \sqrt{\frac{p^*}{p_N^*}} \tag{6.3}$$

V_N, p_N^* Normdurchfluß, absoluter Normdruck (1,013 bar)
V, p^* gemessener Durchfluß, gemessener absoluter Druck

Die Meßwerte hängen besonders stark von der Justage des Ankers ab. Sitzt die Prallplatte schief auf der Düse, ist der Luftverbrauch größer bei gleichen Schaltzeiten. Vor der Messung erfolgte eine exakte Justage, deshalb wurde für diese Anordnung etwa der kleinste erreichbare Luftverbrauch gemessen. Ein Luftverbrauch von 0 cm³/s ist bei einer Leistung von 6,25 mW nicht einstellbar, da die Magnetkraft nicht ausreicht, die Düse zu öffnen. Der Dauerversuch zeigte, daß nach ca. 2 Mill. Schaltungen die Düse dicht verschlossen wird. Bei allen anderen Messungen wurde die Feder so eingestellt, daß die Einschaltzeit t_E = 10 ms beträgt.

6.4 Statische Kennlinie

Für den Wandler wurde die statische Kennlinie $p_A = f(I)$ ermittelt (siehe Bild A.9 Seite 50).
Die Feder 7 (Bild 5.5) wurde vorher so eingestellt, daß die Einschaltzeit $t_E = 10$ ms beträgt. Zuerst wurde der Strom von 0 mA bis 2 mA erhöht und dabei der rechte Teil der Kennlinie gemessen. Danach wurde der Strom bis 0 mA vermindert und der linke Teil der Kennlinie ermittelt. Die Hysterese ergibt sich hauptsächlich aus der Hysteresekurve des Eisenkreises, aber auch Reibung beeinflußt die Kennlinie. Die Knicke in der Kennlinie sind durch die sprungförmige Lageänderung des Ankers entstanden. Bei einem Druck $p_A = 0{,}4$ bar ist der Magnetkreis geschlossen ($l_{Lu} = 0$) und die Magnetkraft erreicht für den jeweiligen Strom den Maximalwert.
Die Kennlinie zeigt, daß der Wandler nicht für die analoge Wandlung geeignet ist.

6.5 Dauerversuch

Zur Ermittlung von Verschleißerscheinungen des Wandlers und Drift der Kennwerte wurde ein Dauerversuch durchgeführt. Die Feder (7) (Bild 5.5) wurde so eingestellt, daß die Einschaltzeit $t_E = 10$ ms beträgt. Der Wandler wurde mit einer Frequenz von 8 Hz mit 50 % Einschaltdauer betrieben. Dabei änderte sich der Ausgangsdruck zwischen 1,4 bar und 0,5 bar.

Nach ca. 2 Mill. Schaltungen war bei geschlossener Düse kein Luftverbrauch meßbar. Der Gummi hatte sich so an die Unebenheiten der Düse angepaßt, daß die Düse dicht verschlossen wurde. Nach 5 Mill. Schaltungen war im Gummi unter dem Mikroskop ein teilweiser Abdruck, und nach 7 Mill. Schaltungen ein vollständiger Abdruck der Düse zu erkennen.

Nach 7 Mill. Schaltungen verkürzte sich die Einschaltzeit t_E von 10 ms auf 8 ms und die Ausschaltzeit t_A stieg von 8 ms auf 9 ms. Die Ursache dafür sind Abnutzungserscheinungen an der Stelle, wo die Feder (7) (Bild 5.5, S. 30) auf den Winkel (2) drückt. Die Federkraft ist dadurch etwas geringer geworden.

Beim Öffnen der Düse sinkt der Ausgangsdruck nicht gleichmäßig, sondern am Anfang stufenförmig ab. Vermutlich treten während des Öffnungsvorganges Schwingungen des Ankers auf, da auch der Stromverlauf nicht gleichmäßig war.

7 Veränderungsmöglichkeiten

In diesem Abschnitt wird beschrieben, wie die Eigenschaften des Wandlers durch Veränderung einiger Parameter beeinflußt werden können.

Der Streufluß des vorhandenen Magnetkreises ist relativ hoch, weil der Magnetkreis sehr langgestreckt ist. Der Streufluß kann vermindert werden, indem der Magnetkreis in Richtung Kreisform oder Quaderform verändert wird. Dadurch erhöht sich aber bei gleicher Wickelfensterfläche die mittlere Windungslänge l_m und damit der Widerstand R_{Sp} der Spule (siehe Gleichung A.12).

Die Induktivität L des Wandlers kann bei gleichem Magnetkreis durch Verkleinern der Windungszahl N gesenkt werden.

$$L = \frac{N^2}{R_m} \tag{7.1}$$

Um die gleiche Kraft zu erreichen, muß das Produkt I·N gleich bleiben. Eine Halbierung der Windungszahl ist deshalb mit einer Verdopplung des Stromes verbunden. Soll dabei die Leistung P konstant bleiben, muß die Spule mit dem doppelten Querschnitt des Kupferdrahtes A_{Cu} gewickelt werden.

$$I \cdot N = \sqrt{\frac{P \cdot \chi \cdot A_{Cu} \cdot N}{l_m}} \tag{7.2}$$

Wird die Windungszahl halbiert und der Querschnitt des Kupferdrahtes verdoppelt, verringert sich die Induktivität auf ein Viertel und das gleiche Wickelfenster wird ausgefüllt.

Für die Einschaltzeit ist ein schnelles Erreichen der Kraft F_A (Bild 5.4) günstig. Dabei soll die Magnetkraft F groß und die elektrische Zeitkonstante $\tau = L/R$ klein sein. Das Verhältnis

$$\frac{F}{\tau} = \frac{B^2 \cdot A \cdot R}{2 \cdot \mu_0 \cdot L} \tag{7.3}$$

soll möglichst groß sein um eine kurze Einschaltzeit zu ermöglichen. Setzt man in die Gleichung 7.3 die Gleichungen A.4, A.8, A.14 und 7.1 ein, erhält man:

$$\frac{F}{\tau} = \frac{P}{2 \cdot \frac{l_{Fe}}{\mu_r} + l_{Lu}} \tag{7.4}$$

Bei vorgegebener Leistung P kann das Verhältnis F/τ vergrößert werden, indem die Länge des Eisenkreises l_{Fe} und des Luftspaltes l_{Lu} möglichst klein gehalten und ein Material mit einer großen relativen Permeabilität μ_r eingesetzt wird.

Die elektrische Zeitkonstante $\tau = L/R$ kann verkleinert werden, indem der Widerstand R durch einen Vorwiderstand R_V vergrößert wird (Bild 6.2). Zur Verkürzung der Einschaltzeit wurden Messungen mit verschiedenen Vorwiderständen durchgeführt (Bilder A.6 und A.7). Durch den Vorwiderstand erhöht sich die Leistungsaufnahme und die Betriebsspannung. Die magnetische Energie verändert sich nicht, weil der Strom und die Induktivität nicht verändert wird (siehe Gleichung 5.15).
Die Ausschaltzeit kann auf dieselbe Weise verkürzt werden. Dazu muß die Kathode der Schutzdiode V1 (Bild 6.2) zwischen S1 und R_V angeschlossen werden. Damit verkleinert der Vorwiderstand R_V die Zeitkonstante τ des Ein- und Ausschaltvorganges.

Die Schaltzeiten des Wandlers werden auch vom Massenträgheitsmoment des Klappankers und dem Ankerhub bestimmt, die beide gering sein sollen, um kurze Schaltzeiten zu realisieren. Wird der Winkel 2 (Bild 5.5) noch dünner als 0,5 mm gewählt, vergrößert sich die Gefahr des Verbiegens während der Montage des Winkels.

Für kurze Schaltzeiten muß das angeschlossene Volumen, im dem die Druckänderung stattfindet, gering sein. Eine Vergrößerung des Vordrossel- und Düsendurchmessers verkürzt auch die Schaltzeiten, aber erhöht den Luftverbrauch.

Die Federkraft der Feder 7 (Bild 5.5) beeinflußt stark die Schaltzeiten und den Luftverbrauch bei geschlossener Düse (siehe Kapitel 6.3). Der Luftverbrauch wird aber auch durch die Form der Düse und die Härte des Gummis bestimmt. Die Düse sollte möglichst spitz, aber nicht so scharfkantig sein, daß der Gummi beschädigt wird. Der Gummi sollte möglichst weich sein, aber sich nur wenig abnutzen.

8 Zusammenfassung

Die Funktionsprinzipien elektrisch-fluidischer Wandler wurden im Kapitel 3 beschrieben und charakterisiert. Das Prinzip der Piezostriktion mit einem Biegestreifen benötigt die geringste Leistung bei statischem Betrieb. Thermische Wandler sind auch in der Mikrosystemtechnik bisher nur mit Leistungen größer als 25 mW betrieben worden. Elektrochemische Wandler arbeiten sehr langsam. Elektrokinetische Wandler benötigen sehr hohe Spannungen.

Gewählt wurde das elektromagnetische Funktionsprinzip mit Klappanker, wobei der Arbeitsluftspalt sehr gering ist (kleiner als 0,05 mm). Mittels Hebel wird der Hub vergrößert und mit einem Düse-Prallplatte-System in eine Druckänderung gewandelt. Aufgrund der Nichtlinearität der Wandlerkennlinie ist eine analoge Signalwandlung nicht möglich. Die hohe Induktivität des Wandlers (L = 8,2 H) kann durch Verringern der Windungszahl gesenkt werden. Die meisten Messungen wurden mit einem Strom I = 1,68 mA (P = 6,25 mW, U = 3,72 V) durchgeführt. Der Ausgangsdruck ändert sich um 1 bar. Für den Einsatz im Stellungsregler muß an den Wandler ein geeigneter Druck-Leistungs-Verstärker angeschlossen werden.

Die Magnetkraftkennlinie des verwendeten Magnetkreises wurde bei unterschiedlicher Leistungsaufnahme gemessen und mit der berechneten Kennlinie verglichen. Die Schaltvorgänge können durch einen Vorwiderstand verkürzt werden, der aber den Leistungsbedarf erhöht. Der Wandler schließt die Düse im Ruhezustand nach der Montage nicht absolut dicht, der ständige Luftverbrauch ist jedoch sehr gering. Der Dauerversuch zeigte, daß nach ca. 2 Mill. Schaltungen die Düse dicht verschlossen wird und sich nach 7 Mill. Schaltungen keine wesentlichen Veränderungen ergaben.

Anhang

Inhaltsverzeichnis des Anhangs

Abkürzungen und Formelzeichen

Abkürzung	*Einheit*	*Bezeichnung*
A	m^2	Querschnittsfläche
A_m	m^2	Mantelfläche eines Zylinders
a	m	Breite des Wickelfensters
B	T	magnetische Flußdichte
b	m	Höhe des Wickelfensters
c	m	Abstand Eisenkreis-Wickelfenster
d	m	Durchmesser
d	m/V	piezoelektrische Konstante
E	V/m	elektrische Feldstärke
F	N	Kraft
F'	N	nicht umgerechnete Kraft
I	A	Strom
i		Übersetzungsverhältnis
k_{Cu}		Kupferfüllfaktor
k_F	N/m	Federkonstante
L	H	Induktivität
l	m	Länge
l_m	m	mittlere Windungslänge
M	N·m	Drehmoment
m	kg	Masse
N		Windungszahl
P	W	Leistung
p	Pa	Druck
p_A	Pa	Ausgangsdruck
p_V	Pa	Versorgungsdruck
R	Ω	Widerstand
R_{lam}	$Pa \cdot s/m^3$	laminarer Widerstand
R_m	A/V·s	magnetischer Widerstand
r	m	Radius
S	m^2/N	Elastizitätskonstante
s	m	Weg
s'	m	nicht umgerechneter Weg
T	K	Temperatur
t	s	Zeit
U	V	Spannung
V	m^3/s	Volumenstrom
W_{mag}	Ws	magnetische Energie
ε		mechanische Dehnung
τ	N/m^2	mechanische Spannung
τ	s	elektrische Zeitkonstante
η	Pa·s	dynamische Viskosität
π		Kreiskonstante
φ	V·s	magnetischer Fluß
χ	$m/\Omega \cdot mm^2$	elektrische Leitfähigkeit
μ_0	V·s/A·m	magnetische Feldkonstante
μ_r		relative Permeabilität

Indizes

A	Ausschalten	M	Magnet
A	im Arbeitspunkt A	max	maximal
B	im Arbeitspunkt B	min	minimal
D	Düse	N	Normzustand
E	Einschalten, Eingang	n	Anzahl
F	Feder	p	Druck
ges	gesamt	Sp	Spule
Lu	Luftspalt	W	Wickelfenster

Berechnung der Magnetkraft [29]

Die Magnetkraft F eines Eisenkreises mit nur einem Luftspalt ist:

$$F = \frac{B^2 \cdot A_{Lu}}{2 \cdot \mu_0} \tag{A.1}$$

Die magnetische Flußdichte B ist:

$$B = \frac{\varphi}{A} \tag{A.2}$$

Wird der Streufluß vernachlässigt, fließt der gesamte magnetische Fluß φ im Eisenkreis und es gilt:

$$\varphi = \frac{I \cdot N}{R_m} \tag{A.3}$$

$$B = \frac{I \cdot N}{A \cdot R_m} \tag{A.4}$$

Der magnetische Widerstand R_m ist eine Reihenschaltung des magnetischen Widerstandes im Eisenkreis und der Luft.

$$R_m = R_{mFe} + R_{mLu} \tag{A.5}$$

$$R_m = \frac{l_{Fe}}{\mu_0 \cdot \mu_r \cdot A_{Fe}} + \frac{l_{Lu}}{\mu_0 \cdot A_{Lu}} \tag{A.6}$$

Der Luftspalt ist sehr klein, deshalb wird angenommen daß alle Feldlinien senkrecht aus dem Eisen austreten und damit ist:

$$A_{Fe} = A_{Lu} = A \tag{A.7}$$

und $$R_m = \frac{1}{\mu_0 \cdot A} \cdot \frac{l_{Fe}}{\mu_r} + l_{Lu} \tag{A.8}$$

Durch Einsetzen der Gleichung A.8 in Gleichung A.4 erhält man:

$$B = \frac{I \cdot N \cdot \mu_0}{\frac{l_{Fe}}{\mu_r} + l_{Lu}} \tag{A.9}$$

Die relative Permeabilität des Eisenkreises μ_r ist nicht konstant, sondern von Materialeigenschaften und der Flußdichte B abhängig. Wenn die Funktion $\mu_r(B)$ bekannt ist, kann die Flußdichte iterativ berechnet werden:

$$B_n = \frac{I \cdot N \cdot \mu_0}{\frac{l_{Fe}}{\mu_r(B_{n-1})} + l_{Lu}} \tag{A.10}$$

Die Spule des Magnetkreises hat einen ohmschen Widerstand R.

$$R = \frac{l}{\chi \cdot A} \tag{A.11}$$

Die gesamte Leiterlänge l einer Spule ist das Produkt der mittleren Windungslänge l_m und der Windungszahl N.

$$R_{Sp} = \frac{l_m \cdot N}{\chi \cdot A_{Cu}} \tag{A.12}$$

Um einen konstanten Strom I durch die Spule fließen zu lassen, ist eine Spannung U und eine Leistung P nötig.

$$U = I \cdot R_{Sp} \tag{A.13}$$

$$P = I^2 \cdot R_{Sp} \tag{A.14}$$

$$I = \sqrt{\frac{P}{R_{Sp}}} \tag{A.15}$$

Durch Einsetzen der Gleichung A.12 in die Gleichung A.15 erhält man:

$$I = \sqrt{\frac{P \cdot \chi \cdot A_{Cu}}{l_m \cdot N}} \tag{A.16}$$

$$I \cdot N = \sqrt{\frac{P \cdot \chi \cdot A_{Cu} \cdot N}{l_m}} \tag{A.17}$$

Nachfolgend wird die Magnetkraft für einen Magnetkreis mit kreisförmigem Querschnitt berechnet (Bild A.1).

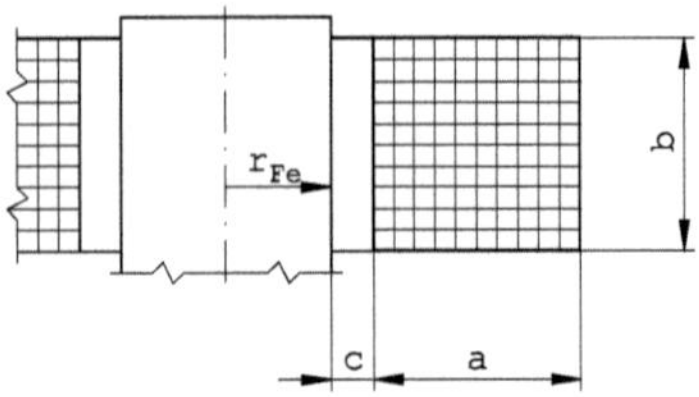

Bild A.1 Ausschnitt eines Magnetkreises mit kreisförmigem Querschnitt

$$A_{Lu} = A_{Fe} = \pi \cdot r_{Fe}^2 \tag{A.18}$$

Die Fläche des Wickelfensters A_W der Spule ist:

$$A_W = a \cdot b \tag{A.19}$$

Der Kupferfüllfaktor k_{Cu} gibt das Verhältnis der Kupferfläche zur Wickelfensterfläche A_W an.

$$k_{Cu} = \frac{A_{Cu} \cdot N}{A_W} \tag{A.20}$$

$$A_{Cu} \cdot N = k_{Cu} \cdot A_W \tag{A.21}$$

$$A_{Cu} \cdot N = k_{Cu} \cdot a \cdot b \tag{A.22}$$

Durch Einsetzen der Gleichung A.22 in die Gleichung A.17 erhält man:

$$I \cdot N = \sqrt{\frac{P \cdot \chi \cdot k_{Cu} \cdot a \cdot b}{l_m}} \tag{A.23}$$

Durch Einsetzen der Gleichung A.23 in die Gleichung A.10 erhält man:

$$B_n = \frac{\sqrt{\frac{P \cdot \chi \cdot k_{Cu} \cdot a \cdot b}{l_m}} \cdot \mu_0}{\frac{l_{Fe}}{\mu_r(B_{n-1})} + l_{Lu}} \tag{A.24}$$

Wenn die magnetische Flußdichte B iterativ durch die Gleichung A.24 bestimmt ist, errechnet sich die Magnetkraft F nach Gleichung A.1.

$$F = \frac{B^2 \cdot A_{Lu}}{2 \cdot \mu_0} \tag{A.25}$$

Die Länge des Eisenkreises l_{Fe} und die mittlere Windungslänge l_m sind von den Maßen des Wickelfensters abhängig. Sie werden ersetzt durch die Vereinfachung, daß der Eisenkreis rechteckförmig ist und an allen Seiten den Abstand c zum Wickelfenster hat.

$$l_m = 2 \cdot \pi \cdot r_m \tag{A.26}$$

$$l_m = 2 \cdot \pi \cdot (r_{Fe} + c + 0,5 \cdot a) \tag{A.27}$$

$$l_{Fe} = 2 \cdot a + 2 \cdot b + 8 \cdot (r_{Fe} + c) \tag{A.28}$$

$$A_{Lu} = \pi \cdot r_{Fe}^2 \tag{A.29}$$

Bei vorgegebenen Werten für elektrische Leistung, elektrische Leitfähigkeit, Kupferfüllfaktor, relative Permeabilität und Abstand c ist die Magnetkraft nur noch von den Konstruktionsmaßen des Wickelfensters (a, b) und des Eisenkreises (r_{Fe}) abhängig.

$$F = \frac{B^2 \cdot \pi \cdot r_{Fe}^2}{2 \cdot \mu_0} \qquad B_n = \frac{\sqrt{\frac{P \cdot \chi \cdot k_{Cu} \cdot a \cdot b}{2 \cdot \pi \cdot (r_{Fe} + c + 0,5 \cdot a)}} \cdot \mu_0}{\frac{2 \cdot a + 2 \cdot b + 8 \cdot (r_{Fe} + c)}{\mu_r(B_{n-1})} + l_{Lu}} \tag{A.30}$$

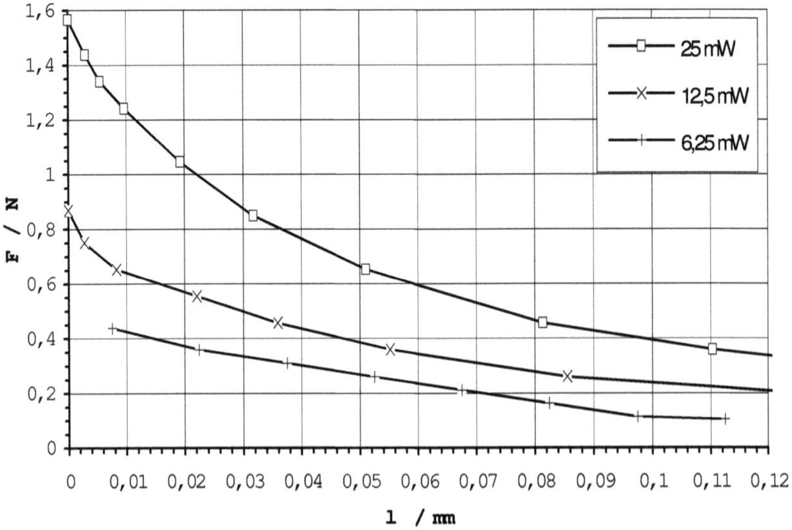

Bild A.2 Magnetkraftkennlinie des Wandlers

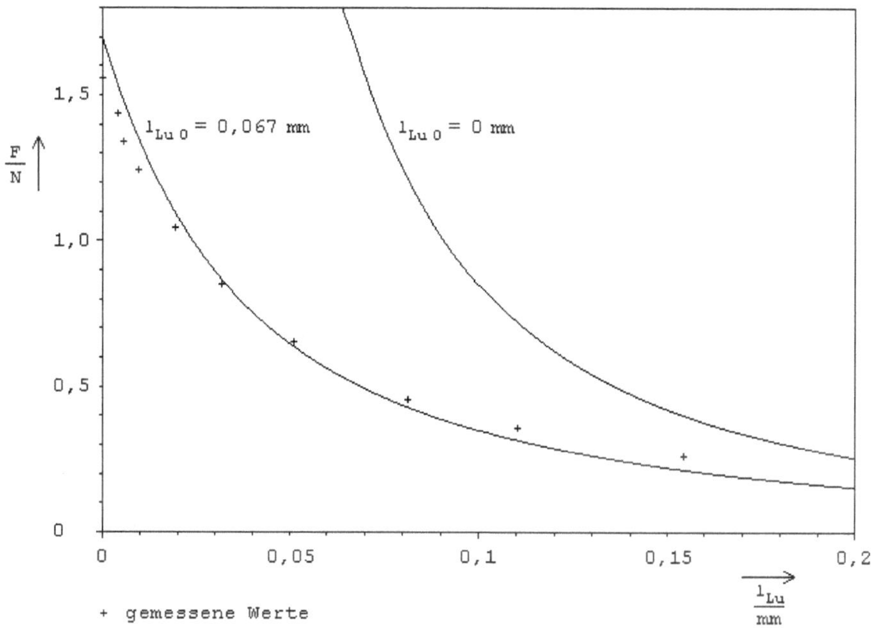

Bild A.3 Vergleich der berechneten und gemessenen Magnetkraftkennlinie

Tabelle A.1 Wertepaare der verwendeten Kennlinie $\mu_r(B)$ (aus[27])

B in T	μ_r
0	1100
0,14	1100
0,53	2100
0,75	2000
0,87	1700
0,95	1510
1,03	1350
1,10	1100
1,14	990
1,17	800
1,21	650
1,31	350
1,37	200
1,50	145
1,55	100
1,60	70
1,83	1

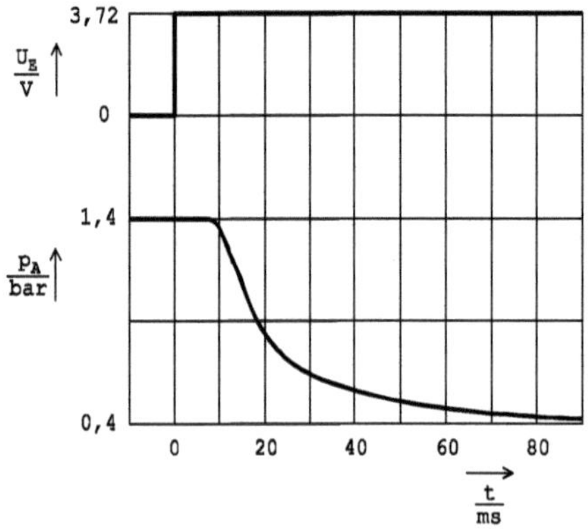

Bild A.4 Einschaltvorgang des Wandlers (P = 6,25 mW)

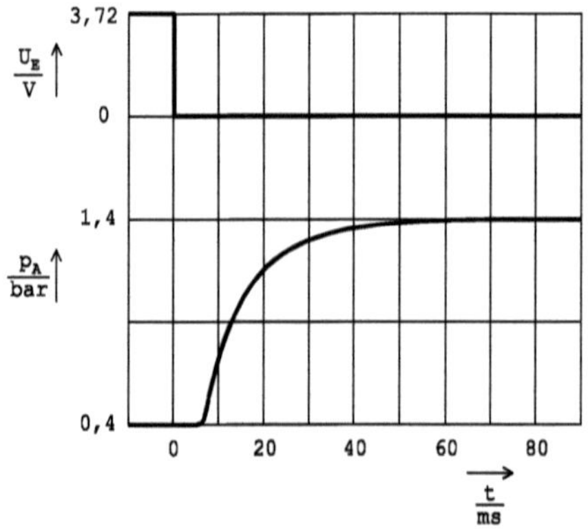

Bild A.5 Ausschaltvorgang des Wandlers (P = 6,25 mW)

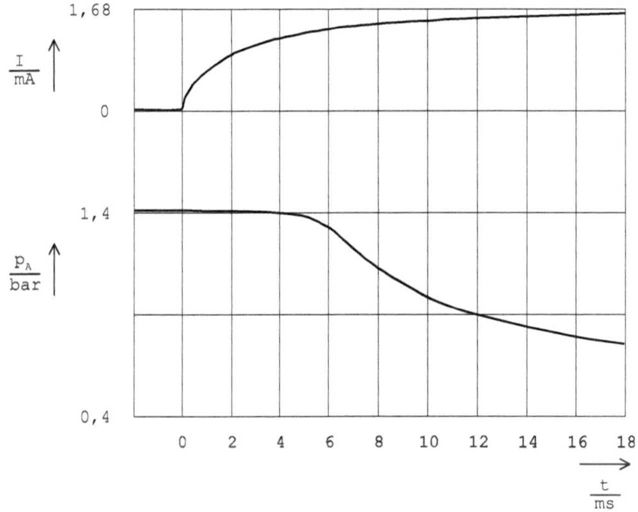

Bild A.6 Einschaltvorgang des Wandlers
mit Vorwiderstand R_v = 2,23 kΩ (P = 12,5 mW)

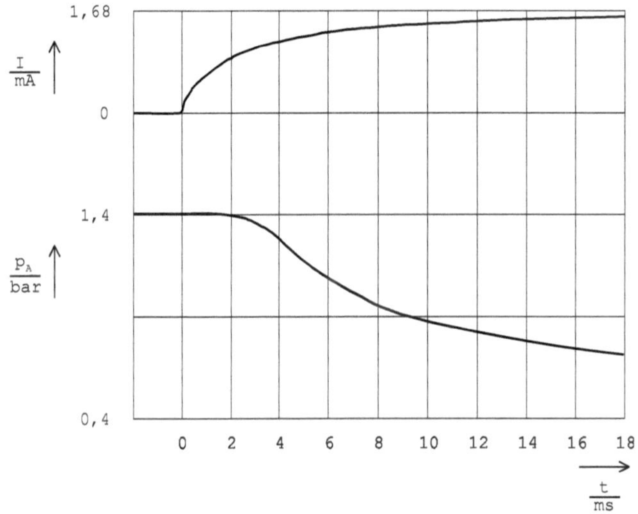

Bild A.7 Einschaltvorgang des Wandlers
mit Vorwiderstand R_v = 6,66 kΩ (P = 25 mW)

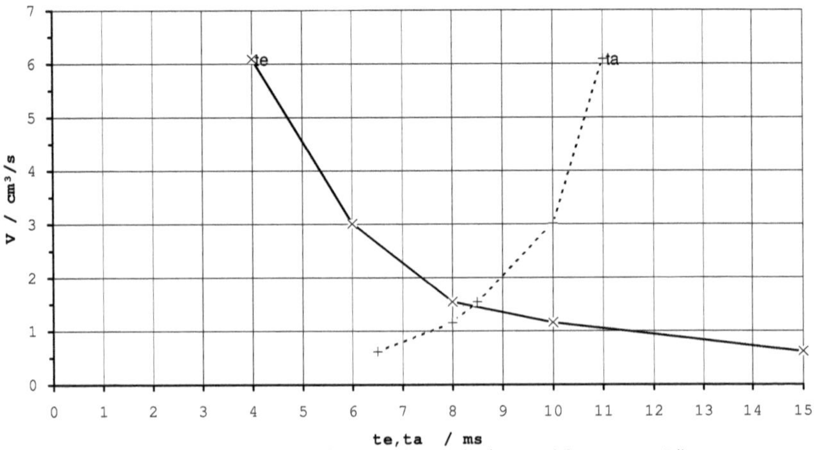

Bild A.8 Luftverbrauch des Wandlers bei geschlossener Düse

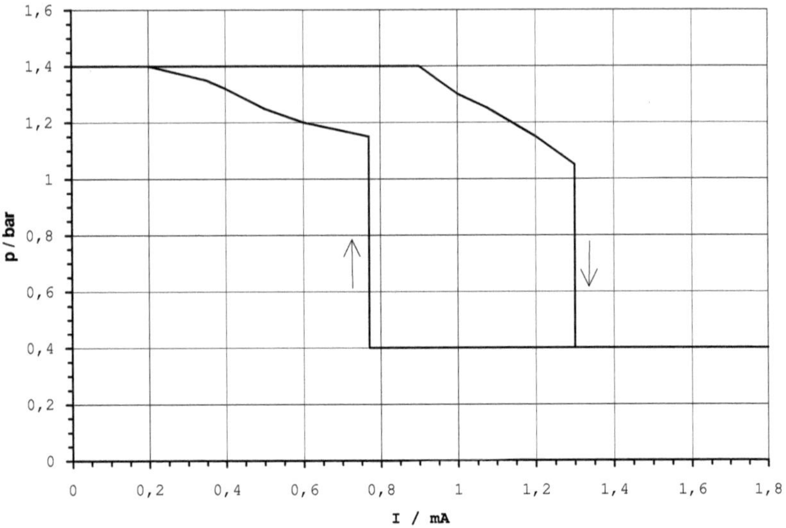

Bild A.9 Statische Wandlerkennlinie

Datenblatt des Wandlers

Gesamtabmessungen:	53 mm · 16 mm · 27 mm
Volumen:	23 cm^3
Abmessungen des Magnetkreises:	26 mm · 12 mm · 14 mm
Magnetvolumen:	4,4 cm^3
Maße des Klappankers:	12 mm · 12 mm · 1 mm
Maße des Magnetbleches (ungebogen):	12 mm · 39 mm · 1,5 mm
Maße des Magnetkerns:	Ø 4,4 mm · 26 mm
Abstand zwischen Wickelfenster und Kern:	0,35 mm
Maße des Wickelfensters:	2,7 mm · 21,5 mm
Drahtdurchmesser der Spule:	0,056 mm
Kupferfüllfaktor:	0,5
Windungszahl der Spule:	12000
ohmscher Widerstand der Spule:	2,2 kΩ
Induktivität bei angezogenem Anker:	8,2 H
für Eigensicherheit maximaler Strom :	2,1 mA
verwendeter Strom:	1,68 mA
verwendete Spannung:	3,72 V
verwendete Leistung:	6,25 mW
Arbeitsluftspalt:	≈ 0,04 mm
Länge des kurzen Hebelarmes:	8 mm
Länge des langen Hebelarmes:	33,5 mm
Dicke des Hebelbleches:	0,5 mm
verwendeter Gummi	MBR 55
Durchmesser der Vordrossel:	0,3 mm
Durchmesser der Düse:	0,7 mm
Versorgungsdruck:	1,4 bar
Ausgangsdruck bei geöffneter Düse:	0,4 bar
Lastvolumen:	1 cm^3
Einschaltzeit (10%):	10 ms
Einschaltzeit (90%):	47 ms
Ausschaltzeit (10%):	8 ms
Ausschaltzeit (90%):	32 ms
Grenzfrequenz:	26 Hz
Luftverbrauch bei geschlossener Düse	
nach Montage:	1,1 cm^3/s
nach ca. 2 Mill. Schaltungen:	0 cm^3/s

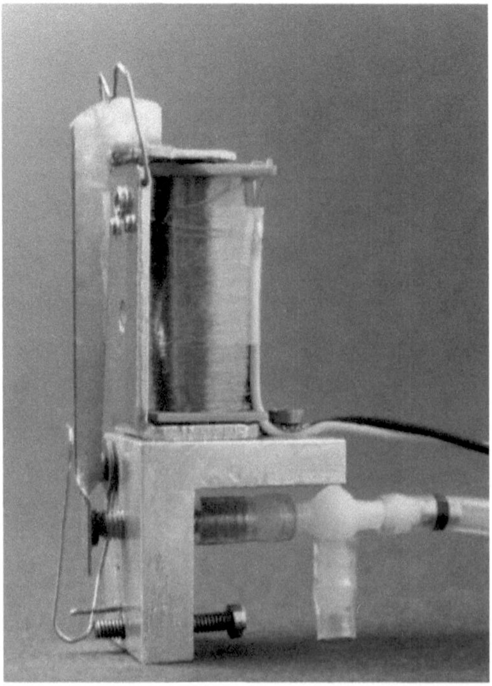

Bild A.11 Foto des elektrisch-fluidischen Wandlers

Literaturverzeichnis

[1] Janocha, H.: *Aktoren - Grundlagen und Anwendungen*. Berlin: Springer Verlag, 1992

[2] Zipser, L; Dorfmüller, L.: *Stand der Entwicklungstendenzen bei pneumatisch/elektrischen und elektrisch/pneumatischen Signalwandlern*. In: msr 22 (1979) H.8, S. 422-425, 505-07

[3] Huck, M.; Engelter, E.: *Einsatz vom Magnetventilen mit kleiner Leistung in der Chemischen Industrie*. In: Automatisierungstechnische Praxis 36 (1994) H.1, S. 32-37

[4] *SAMSON aktuell*. Firmenschrift der SAMSON AG Mess- und Regeltechnik, Postfach 10 19 01, 6000 Frankfurt/Main

[5] Schiebener, P.J. u.a.: *Low power elektromagnetic actuators in space valve applications developed in the ariane 5-programme*. Konferenzbericht, VDI/VDE - Technologiezentrum Informationstechnik GmbH Bremen (Veranst.): Actuator 94 (Bremen 15.-17.06.1994), S. 394-397

[6] Kallenbach, E.: *Der Gleichstrommagnet*. Leipzig: Akademische Verlagsgesellschaft Geest & Portig K.-G., 1969

[7] Witte, K.: *Antriebe für einstufige elektrohydraulische Servoventile*. Dissertation, Fakultät für Maschinenbau und Elektrotechnik der TU Braunschweig, 1988

[8] *Intelligenter Stellungsregler TZID*. Datenblatt der Fa. SENSYCON GmbH, Hackethalstraße 7, 30179 Hannover

[9] Hofmann, B. u.a.: *Auswahl und Optimierung eines geeigneten elektromagnetischen Funktionsprinzips für elektrisch-pneumatische Einheitssignalwandler in Zweileitertechnik*. Arbeitsbericht RPF - 1/84 Akademie der Wissenschaften der DDR, ZfK Rossendorf bei Dresden, Bereich Reaktorphysik

[10] Töpfer, H.; Schwarz, A.: *Wissensspeicher Fluidtechnik*. Leipzig: VEB Fachbuchverlag Leipzig, 1988

[11] Schröer, B.: *Automatisierungsmuskeln von morgen*. In: Industrie-Elektrik + Elektronik 39 (1994) H.1, S. 48-50

[12] Jendritza, D.J.; Schröder, J.: *Schnelle Stellantriebe mit neuen Festkörperaktoren*. In: o+p Ölhydraulik und Pneumatik 38 (1994) H.9, S. 554-562

[13] Jendritza, D.J.; Janocha, H.: *Piezoelektrische und magnetostriktive Festkörperaktoren mit vergrößertem Stellweg*. In: Automatisierungstechnische Praxis 36 (1994) H.8, S. 34-37

[14] Holleck, H. u.a.: *Dünne Schichten für Aktoren in der Mikrosystemtechnik*. In: KfK-Nachrichten 26 (1994) H.1, S. 19-27

[15] Quandt, E.: *Magnetostriktive Schichten als Aktoren in der Mikrosystemtechnik*. KfK-Bericht 5238, 151 (1993)

[16] Wirtl, J.: *Piezoeffekt contra Magnet* (unveröffentlicht). Hoerbiger Fluidtechnik GmbH, Systemtechnik Pneumatik, 86956 Schongau

[17] *Piezo 2000 3/2-Wege-Sitzventil NW2 und G1/8*. Datenblatt der Fa. Hoerbiger Fluidtechnik GmbH, Taubenstraße 5, 86956 Schongau

[18] Zdeblick, M.J. u.a.: *Thermopneumatically actuated microvalves and integrated elektro-fluidic circuits*. Konferenzbericht, VDI/VDE - Technologiezentrum Informationstechnik GmbH Bremen (Veranst.): Actuator 94 (Bremen 15.-17.06.1994), S. 56-59

[19] Vollmer, J. u.a.: *Microminiature fluidic beam elements as elektropneumatic converters*. Konferenzbericht, VDI/VDE - Technologiezentrum Informationstechnik GmbH Bremen (Veranst.): Actuator 94 (Bremen 15.-17.06.1994), S. 38-41

[20] Schwarz, A.: *Untersuchungen des thermoviskosen Effektes zum Aufbau von elektrisch/pneumatischen Signalwandlern*. Forschungsbericht Nr. 727 Akademie der Wissenschaften der DDR, ZKI, 1991

[21] Schwarz, A.: *Piezoelektrische und thermoresistive Prinzipien von fluidisch-elektrischen und elektrisch-fluidischen Signalwandlern zur Koppelung von Funktionseinheiten der Automatisierungstechnik*. Forschungsbericht Nr. 627 Akademie der Wissenschaften der DDR, ZKI, 1979

[22] Zipser, L. u.a.: *Elektrisch-pneumatischer Signalwandler*. Patentschrift 211836, Klasse F 15 C 1-04, 10.11.1982

[23] Kempe, W.: *Elektrochemischer Aktor*. Technischer Bericht Nr. F2A-93-010, Daimler Benz AG Forschung und Technik, Goldsteinstr. 235, 60528 Frankfurt, 1993

[24] *Mitteilungen der VDI/VDE-Gesellschaft Meß- und Automatisierungstechnik (GMA)*. In: Automatisierungstechnische Praxis 35 (1993) H.2, S. 63-64

[25] Janocha, H.; Jendritza, D.J.: *Einsatzpotential von Elektrorheologischen Flüssigkeiten - Beispiele aus der Praxis zeigen neue Anwendungsmöglichkeiten*. In: Kontruktion 46 (1994) H.3, S. 111-115

[26] Jendritza, D.J.: *Abschlußbericht Actuator 94*. In: Sensormagazin (1994) H.3, S. 38-39

[27] Gruber, E.: *Konstruktive Untersuchung eines Mikroventils*. Diplomarbeit, Stuttgart 15.01.1993

[28] *Rotameter-Handbuch*. ROTA Apparate- und Maschinenbau Dr. Henning KG, Oelfingen/Baden, 1966

[29] Friedrich: *Tabellenbuch Elektrotechnik/Elektronik*. Bonn: Dümmler, 1989